川东北地区飞仙关组高含硫气藏渗流理论与应用

青春 张航 于林 等编著

科学出版社

北京

内 容 简 介

本书针对四川盆地川东北地区飞仙关组鲕滩高含硫气藏开发过程中地层硫沉积导致储层物性变差、气井产能降低和渗流规律复杂的问题，系统地介绍了这类特殊气藏的复杂渗流特征、产能评价模型、试井解释模型、传统与现代产量递减规律分析模型以及相应模型的实例应用，完善了高含硫气藏动态描述方法，对提高高含硫气藏动态认识和开发效果具有重要的帮助。

本书内容丰富，包含较多实例应用，可为国内外高含硫气藏动态描述、合理工作制度的制定提供经验和帮助。本书可供从事气田开发的技术人员阅读，同时可作为石油高等院校相关专业师生的参考书。

图书在版编目（CIP）数据

川东北地区飞仙关组高含硫气藏渗流理论与应用 / 青春等编著. -- 北京：科学出版社，2024.9. -- ISBN 978-7-03-079443-7

Ⅰ. TE37

中国国家版本馆 CIP 数据核字第 2024AA1227 号

责任编辑：黄　桥 / 责任校对：彭　映
责任印制：罗　科 / 封面设计：墨创文化

科 学 出 版 社 出版
北京东黄城根北街16号
邮政编码：100717
http://www.sciencep.com

成都锦瑞印刷有限责任公司 印刷
科学出版社发行　各地新华书店经销

*

2024 年 9 月第 一 版　　开本：787×1092　1/16
2024 年 9 月第一次印刷　　印张：10 3/4
字数：255 000
定价：148.00 元
（如有印装质量问题，我社负责调换）

本书作者

青　春　　张　航　　于　林

汪　洋　　任洪明　　张修明

任　阳　　李成勇　　刘蜀东

前　言

能源结构绿色转型是实现国家重大战略决策"双碳"目标的关键，天然气作为最清洁的化石能源在能源结构转型中将承担十分重要的作用。大力开发、利用天然气替代其他化石能源能够大大降低我国碳排放的压力，有效调和环境污染与社会能源需求之间的矛盾。四川盆地是我国天然气的重要生产基地，尤其是川东北地区飞仙关组海相碳酸盐岩储层天然气资源量丰富，目前已发现多个大型鲕滩气田，是国内天然气产量增长和能源供给的重要力量。

川东北地区鲕滩气藏普遍具有埋藏深、储层渗流空间复杂多样、非均质性极强以及高温、高压、高含硫的特点。这类高含硫气藏在开发过程中，单质硫将从酸性气体中析出，以液态或固态的形式沉积在储层岩石储集空间中，并对气体传输特征产生影响。高含硫气藏开发过程中储层内的气体流动涉及复杂的相态变化特征，造成这类气藏产能评价、试井解释、气藏动态分析、开发方案制定难度更大。

本书针对硫沉积导致的高含硫气藏渗流规律复杂和动态描述难度大的问题，首先在对川东北地区鲕滩气藏储层特征进行简要介绍的基础上，从高含硫气藏岩心衰竭式硫沉积和驱替实验出发，分析了单质硫在地层中沉积特征及其引起的储层伤害特征，系统地进行了高含硫气体微观渗流机理研究。其次运用渗流力学和气藏工程原理建立了高含硫气藏气井产能评价、试井解释模型，并结合气井产量递减规律模型与动态储量评价模型，完善了高含硫气藏动态评价和描述技术。最后简述了川东北地区鲕滩高含硫气藏目前提高开发效果采用的一些技术政策。本书系统地介绍了高含硫气藏微观渗流理论和动态描述技术，包含大量实例运用，可为提高类似气藏开发效果提供帮助。

本书在编写过程中得到了中国石油天然气股份有限公司西南油气田分公司(简称中石油西南油气田分公司)、成都理工大学能源学院领导和专家学者的帮助，感谢他们对本书提出的宝贵修改意见!

由于作者水平有限，书中难免有不当之处，诚请读者和同行提出宝贵的意见和建议。

目 录

第1章 绪论 ··· 1
  1.1 引言 ··· 1
  1.2 研究现状及进展 ··· 2
    1.2.1 高含硫气藏产能评价技术 ··· 2
    1.2.2 高含硫气藏试井解释技术 ··· 3
    1.2.3 高含硫气藏产量递减分析方法 ··· 4
  1.3 高含硫气藏开发技术政策 ·· 5
    1.3.1 储层精细描述 ·· 5
    1.3.2 高含硫气藏开发配套技术 ··· 7
    1.3.3 高含硫气藏储层改造对策 ··· 9
  1.4 本书主要内容 ·· 11

第2章 川东北地区飞仙关组鲕滩气藏储层特征 ································· 12
  2.1 川东北地区飞仙关组鲕滩气藏构造特征 ····································· 12
    2.1.1 构造圈闭特征 ·· 13
    2.1.2 断层特征 ·· 15
  2.2 川东北地区飞仙关组气藏地层特征 ·· 16
    2.2.1 飞仙关组顶、底界划分 ·· 16
    2.2.2 地层内部层序划分和对比 ··· 17
  2.3 川东北地区飞仙关组鲕滩气藏沉积特征 ····································· 18
    2.3.1 沉积背景 ·· 18
    2.3.2 沉积相类型划分及特征 ·· 19
    2.3.3 鲕滩发育特征 ·· 20
    2.3.4 沉积相展布及演化特征 ·· 22
  2.4 储层特征 ·· 24
    2.4.1 储集岩性特征 ·· 24
    2.4.2 储层物性特征 ·· 25
    2.4.3 储集空间特征 ·· 27
    2.4.4 裂缝、溶洞发育特征 ··· 28
    2.4.5 储集类型 ·· 29
  2.5 气藏温度、压力与流体性质 ··· 31
    2.5.1 气藏压力 ·· 31

  2.5.2 气藏温度系统 ·· 31
  2.5.3 流体性质 ·· 32
第3章 川东北地区飞仙关组鲕滩气藏渗流特征 ·· 33
 3.1 高含硫气藏硫沉积实验 ·· 33
  3.1.1 地层硫沉积机理 ·· 33
  3.1.2 岩心硫沉积实验 ·· 36
  3.1.3 高含硫气藏驱替渗流实验 ·· 39
 3.2 高含硫气藏渗流数学模型 ··· 41
  3.2.1 气流中硫微粒运移速度计算模型 ·· 41
  3.2.2 硫微粒在酸性气体中的溶解度预测模型 ·· 41
  3.2.3 硫微粒沉降模型 ·· 41
  3.2.4 硫微粒在多孔介质中的吸附模型 ·· 42
  3.2.5 孔隙度降低模型 ·· 42
  3.2.6 含硫气藏渗流公式 ·· 43
 3.3 硫沉积-堵塞预测模型计算理论及方法研究 ·· 43
  3.3.1 含硫天然气达西渗流时硫沉积预测模型 ·· 44
  3.3.2 含硫天然气非达西渗流时硫沉积预测模型 ·· 46
  3.3.3 含硫天然气硫堵塞预测模型 ··· 50
第4章 川东北地区飞仙关组鲕滩气藏产能评价技术 ·· 54
 4.1 高含硫气井稳态产能模型 ··· 54
  4.1.1 高含硫气体物性计算 ··· 54
  4.1.2 含硫气藏稳态产能评价方程 ··· 56
 4.2 非稳态产能评价模型 ·· 60
  4.2.1 鲕滩气藏地质模型简化 ··· 60
  4.2.2 鲕滩气藏渗流数学模型 ··· 61
  4.2.3 鲕滩气藏瞬时点源函数基本解 ··· 64
  4.2.4 鲕滩气藏压力和产能响应特征 ··· 66
  4.2.5 双重介质鲕滩气藏不规则边界渗流数学模型求解 ·· 67
 4.3 产能测试异常数据分析 ·· 75
  4.3.1 产能测试类型 ··· 75
  4.3.2 产能测试曲线类型分析 ··· 79
  4.3.3 异常原因分析 ··· 82
  4.3.4 异常曲线的某些识别与校正处理 ·· 83
  4.3.5 产能试井工艺应注意的问题 ··· 88
 4.4 现场应用实例 ·· 89
  4.4.1 气井产能评价 ··· 89
  4.4.2 产能影响因素分析 ·· 90
第5章 川东北地区飞仙关组鲕滩气藏试井解释理论 ·· 93

5.1 高含硫气藏试井解释模型 ·········· 93
5.1.1 单一介质储层气井不稳定渗流理论 ·········· 93
5.1.2 双重介质地层中高含硫气井不稳定试井分析理论 ·········· 97
5.2 高含硫气藏试井曲线敏感性分析 ·········· 103
5.2.1 单一介质径向复合地层试井典型曲线影响因素分析 ·········· 103
5.2.2 双重介质径向复合地层试井典型曲线影响因素分析 ·········· 106
5.3 高含硫气藏试井解释方法 ·········· 108
5.4 现场应用实例 ·········· 109

第6章 川东北地区飞仙关组鲕滩气藏产量递减理论分析 ·········· 111
6.1 高含硫气藏常规产量递减分析理论 ·········· 111
6.1.1 Arps 产量递减分析方法 ·········· 111
6.1.2 Logistic 递减曲线 ·········· 120
6.1.3 Weibull 递减曲线 ·········· 123
6.1.4 翁氏产量预测模型 ·········· 124
6.2 高含硫气藏现代产量递减分析理论 ·········· 125
6.2.1 Fetkovich 产量递减分析方法 ·········· 125
6.2.2 Blasingame 产量递减分析方法 ·········· 130
6.2.3 Agarwal-Gardner 产量递减分析方法 ·········· 132
6.2.4 NPI 产量递减分析方法 ·········· 134
6.2.5 FMB 标准图版 ·········· 135
6.3 高含硫气藏产量递减分析应用实例 ·········· 138
6.3.1 传统产量递减实例应用 ·········· 138
6.3.2 现代产量递减实例应用 ·········· 139

第7章 川东北地区飞仙关组鲕滩气藏开发技术政策 ·········· 141
7.1 高含硫气藏合理井网、井距分析方法 ·········· 141
7.1.1 合理井网分析方法 ·········· 141
7.1.2 井距合理性分析 ·········· 142
7.2 高含硫气藏稳产年限与采气速度分析方法 ·········· 144
7.2.1 影响采气速度的因素 ·········· 145
7.2.2 正常压力系统气藏采气速度与稳产期的定量关系 ·········· 145
7.2.3 高压系统气藏采气速度与稳产期的定量关系 ·········· 146
7.3 高含硫气藏动态控制储量分析方法 ·········· 147
7.3.1 物质平衡法 ·········· 147
7.3.2 流动物质平衡法 ·········· 149
7.3.3 弹性二相法 ·········· 150
7.4 高含硫气藏采收率预测方法 ·········· 152
7.5 高含硫气藏储层改造建议 ·········· 155

参考文献 ·········· 157

第1章 绪 论

1.1 引 言

四川盆地东北地区三叠系飞仙关组具有丰富的天然气资源,自1963年该地区发现第一个鲕滩气藏后天然气勘探开发取得重大突破,陆续在环开江—梁平海槽台缘带发现渡口河、铁山坡、罗家寨、普光、龙岗等大-中型鲕滩气藏,探明地质储量达 $6316 \times 10^8 m^3$。同时,在川东北地区飞仙关 57 口测试井中获得气井 31 口,多口气井测试获得高产工业气流,表明该地区具有重大的开发价值。各石油公司虽然在四川盆地东北地区下三叠统飞仙关组天然气勘探开发中取得较大的突破,但总体来看,勘探开发程度仍偏低,该地区下三叠统飞仙关组的勘探开发仍然具有非常广阔的前景。

川东北地区飞仙关组鲕滩气藏储层岩性为鲕粒灰岩、鲕粒白云岩和晶粒白云岩 3 类,储集空间类型多样,包含孔隙、裂缝、溶洞和喉道。该区域鲕滩气藏具有埋藏深、储层非均质性强、渗流规律复杂以及高温、高压、高含硫等特点。这类气藏开发过程中不可避免出现硫沉积现象,而硫沉积是高含硫气藏开发的世界性难题。高含硫气藏衰竭开发过程中由于温度、压力的变化,硫元素将以单质形式从载硫气体中析出,并在储层岩石的孔隙喉道中沉积而堵塞渗流通道。地层硫沉积将导致气藏物性参数(如孔隙度、渗透率等)发生变化,这些物性参数的变化反过来又影响气体的渗流,最终影响气藏的开采效率。高含硫气藏流体渗流是天然气、硫化氢(H_2S)气体、单质硫等多种流体在多孔介质中相互作用的复杂过程,研究高含硫气藏硫沉积机理、硫沉积对储层岩心的伤害和渗流规律是编写本书的出发点。

本书是在国内外相关研究成果和川东北地区高含硫鲕滩气藏开发实践总结的基础上编写而成的。首先通过室内岩心硫沉积和驱替实验介绍了硫元素在气藏开发过程中的相态变化及其引起的储层伤害和微观渗流规律特征,其次运用渗流力学原理和数学物理方法建立了产能评价、试井分析、产量递减和储量评价模型,形成了鲕滩气藏动态描述方法,可对气藏、气井物性参数和开发特征进行全面解读。气藏动态描述方法是提升气藏精细认识程度、实现合理开发、改善开发技术政策的关键。因此本书对鲕滩气藏微观和宏观渗流规律的研究,有助于高效和安全地开发川东北地区高含硫鲕滩气藏。

1.2 研究现状及进展

流体在多孔介质中的传输称为渗流,气体在地层中的流动受到储层特征和流体物性的共同制约,不同类型气藏内气井的生产特征表现出一定的差异。基于渗流理论发展起来的气井产能评价、试井解释、产量递减规律研究方法是气藏渗流特征诊断和动态描述方法的重要组成部分。通过气藏动态描述方法对动态资料进行解读,有助于掌握气井和气藏生产特征,提高气藏精细认识程度,是制定气藏开发调整方案和策略的关键。因此本节将从产能评价技术、试井解释技术、产量递减分析方法3个方面,介绍国内外相关研究成果。

1.2.1 高含硫气藏产能评价技术

在气田开发过程中气井产能评价是一项非常重要的工作,产能评价结果是气田开发方案规划、部署、编制的基础。国内外大量学者基于气井生产特征和渗流规律,构建了大量的产能评价公式,归结起来可以分为4类:①产能测试方法;②解析公式计算方法;③生产资料动态拟合方法;④数值模拟方法。

最早的气井产能测试方法是在1929年由Pierce和Rawlins[1]提出的标准测试方法,被称为产能试井或者回压试井。产能试井测试的标准流程为改变若干次测试井工作制度,测量不同制度下气井的稳定产量与压力值,对测试数据进行拟合分析(指数式、二项式方程)获得气井无阻流量,产能试井要求测试井工作制度稳定,是产能评价最为准确的方法。1955年,Cullender[2]提出了一种"等时试井"方法,气井以相等的时间间隔在几种不同的产量下生产。这种试井方法所需要的生产试井时间对于高渗透气藏虽然不长,但是对于低渗透气井来说,每次生产后要求压力恢复至测试前的地层压力却需要很长的时间。针对低渗透气井储层物性差、气井较短时间内难以达到稳定流动状态的问题,Katz等[3]于1959年提出了"修正等时试井"方法。修正等时试井是在等时试井的基础上进一步做出相应的简化,修正等时试井不要求关井后气井压力恢复为地层压力,关井时间与生产时间可以不同。

基于高速非达西理论推导得到的气井二项式产能方程是目前气井常用的解析产能评价技术,目前在国内外各大气田得到了广泛的应用,对于高含硫气藏而言需要考虑单质硫沉积的影响。在高含硫气藏单井产能评价方面,国内大量学者进行了研究。段永刚等[4]于2007年建立气藏与井筒耦合渗流模型,对罗家寨气藏非稳态产能进行了预测研究。同年,李琰和李晓平[5]基于渗流力学理论,建立了含硫气井在非达西平面径向稳定渗流条件下的二项式产能方程,分析了硫沉积对气井产能的影响,并用现场的实测资料予以验证。张烈辉等[6]于2008年从渗流力学出发,分析了高含硫气藏存在的渗流模式,建立了附加表皮、复合渗流模型等产能试井解释数学模型,解决了高含硫气田由于单井产量高、部分井存在硫堵塞等现象导致产能试井曲线异常,部分井资料出现负斜率的问题。2011年,潘谷[7]分析了普光气田主体气井不停产测试方法的可行性,建立气井不停产试井(测试)理论研究,提出了气井不停产试井方法和气井不停产试井资料解释方法。2012年,袁帅[8]

评价了常规产能解释方法的适应性，在此基础上建立了普光气田的产能评价方法，即普光一点法、井口压力二项式产能法、地层系数法、产率比方程法、物质平衡与产能结合法。通过上述方法拟合多目标函数，可以得到目前地层压力下单井的产能。2013 年，李鹭光[9]总结了高含硫气井产能评价非稳态测试分析技术。针对高含硫气井测试成本高、安全风险大、难以普遍采用常规稳态测试评价产能的问题，研究建立了参数约束"一点法"和非稳态测试条件计算稳态无阻流量新方法，有效提高了高含硫气井产能评价的准确性。以龙岗二叠系—三叠系礁滩高含硫气藏为例，利用参数约束"一点法"开展气井产能快速评价，其平均分析误差从 32.7%降至 7.5%。

2014 年，郭肖等[10]根据非达西流条件下修正的硫沉积预测模型，定义了硫沉积伤害半径，将硫饱和度与气井产能联系起来，从而对硫沉积对气井产能的影响进行了分析。2019 年，詹国卫等[11]建立了超深、高含硫底水气藏动态分析技术，针对元坝气田长兴组气藏高含硫、局部存在底水的条带状生物礁气藏，储层非均质性强、气水关系复杂等特点，基于井筒压力折算、一点法、考虑硫沉积的稳态产能公式法、动态法、水侵动态评价等方法，落实了气井产能、动态法储量及水侵动态等问题。2021 年，崔明月等[12]就常规水平井产量预测模型无法用于高含硫气藏水平井非稳态产量预测的问题，基于非稳态椭圆流理论，建立了适用于酸化水平井与酸压水平井的非稳态产量预测模型，得到了不同参数对高含硫气藏产能的影响。

1.2.2 高含硫气藏试井解释技术

试井解释是储层认识的一种直接和较为准确的手段，目前在国内外各大油气田得到了较为广泛的应用。针对高含硫气藏试井解释过程中主要考虑了硫元素在近井地带沉积导致储层物性变差的问题，建立了不同类型气井内外区复合的不稳定渗流模型。早在 1966 年，Kuo 和 Colsmann[13]就研究了酸性气井生产期间硫沉积引起的各种问题，他们建立了一个多孔介质中固体沉积的数学模型并研究了沉积对多孔介质中流体流动过程的影响。1997 年，Roberts[14]首先对硫沉积对产层的影响，特别是对产能的影响进行了较为详尽的阐述。除此之外，他还较早地将 Chrastil 在热力学基础上提出的高压流体中固体溶解度的预测计算式和 1980 年 Brunner 和 Woll[15]提出的实验数据结合在一起，对硫在酸性天然气中的溶解度公式进行了推导，并在此基础上建立了硫沉积量的预测模型，用所得到的模型对硫沉积对气井产能的影响进行了定量分析。模型的不足之处在于只考虑了气体达西稳定渗流，并未考虑气体非达西流动的影响，因此得到的模型仅为达西渗流时硫在地层中沉积的预测模型。国内对这方面的研究较少，起步也较晚。

1990 年，陈赓良[16]首先在国内发表了描述含硫气井硫沉积的论文，描述了硫沉积的危害、沉积机理和影响因素等，向国内酸性气藏开发的研究迈出了第一步。1999 年，王琛[17]使用 Roberts[14]的研究成果对长庆气田的陕 6 井做了实例研究，分析了硫元素在地层中析出并沉积的机理，建立了气体达西稳定渗流时的渗流模型，并分析了硫沉积对气井产能的影响。秦玉等[18]也对四川中坝气田的雷三气藏进行了实例研究，分析了雷三气藏气井井口压力异常的原因。2009 年，晏中平等[19]建立了双孔介质中高含硫气井硫污染区和未污染区两区复合试井解释数学模型，计算了井底压力响应典型曲线，进行了相关参数对井底压力动态的敏感性分析。2010 年，黄江尚和贾永禄[20]基于渗流力学理论，建立了含硫气井在非达西平面径向稳定渗流条件下的二项式产能方程，分析了硫沉积对气井产能的影响，并用现场的实测资料予以验证，证明了常规试井方法对于含硫气井同样适用。

总的来说，从 20 世纪 60 年代开始，就陆续有很多国内外学者对硫在地层中的沉积机理及影响因素进行研究，并对硫溶解度与温度、压力、H_2S 等的关系进行了一系列定性和定量的研究，也有许多学者对含硫气藏建立了试井模型进行研究，主要为西南石油大学的杜志敏、郭肖、张烈辉教授及其团队对高含硫气藏进行研究并取得了许多成果，但高含硫气藏的硫沉积机理复杂，因此目前的研究和模型都存在一定的局限性，多表现为采用两区复合模型进行表征[21,22]，还需要一代又一代的学者继续研究下去。

1.2.3 高含硫气藏产量递减分析方法

国外油气藏产量递减分析方法起始于 20 世纪中叶。1945 年，Arps[23]首次系统地提出了产量递减率的概念，并且依据实际生产数据，归纳了产量与生产时间的回归关系公式，将递减的规律总结为 3 种标准形式。1980 年，Fetkovich[24]在此基础上，将常规坐标图转化为 log-log 典型图版，建立了全面的拟合以及分析方法。20 世纪 90 年代初期，Blasingame 等[25]将常规产量以及递减时间转化为规整化产量和物质平衡拟时间，从而解决了变井底流压对产量递减规律的影响，提高了动态储量等参数的计算精度。1998 年，Agarwal 等[26]以 Blasingame 等[25]的产量递减方法为基础，考虑不稳定试井分析无因次参数来降低多解性。2011 年，Sureshjani 和 Gerami[27]提出了凝析气藏长期变化生产数据的递减分析方法，并对典型油气藏进行了分析和总结。

国内对于递减分析方法的研究主要起步于陈元千、孙贺东等知名学者的研究活动，主要思路是在我国油气藏渗流特征的基础上对递减模型进行改进，提高了模型的准确性和适用性。其中，孙贺东结合推导得到的多层合采井模型解，建立了多层油藏产量递减的实用型图版，并且整理了各种油气藏形式下的产量递减图版的绘制方法。

目前，对于生产井产量递减分析的方法主要分为传统产量递减分析方法以及现代产量递减分析方法。除此之外，还可以用特定的物质平衡方程对气井的产量递减情况进行描述。

(1)传统产量递减分析方法。传统产量递减方法即阿尔普斯(Arps)产量递减分析方法，认为生产井实际产量与时间存在一定的数学关系，并将油气井产量递减规律分为 3 种类型：指数递减、双曲递减以及调和递减。对于致密气井而言，产量的递减模式以指数递减和调和递减最为常见。

(2)现代产量递减分析方法。现代产量递减分析方法是以渗流力学为理论基础，引入特定的参变量组合，对油气井的动态数据，通过曲线图版拟合，确定生产层生产能力、储量、物性参数等。

目前常用的现代产量递减分析方法主要有费特科维奇(Fetkovich)方法、布拉辛格姆

(Blasingame)方法、Transient 方法、流动物质平衡(flowing material balance,FMB)方法等。其中,Fetkovich 方法主要是对 Arps 产量递减分析方法的经验改进和扩展,其余方法则通过引入物质平衡时间,打破了常规渗流模型需要定压或者定产的生产条件限制。

1.3 高含硫气藏开发技术政策

目前,国内开发的高含硫气藏主要包含碳酸盐岩层状整装气藏、生物礁岩性气藏和构造-岩性复合圈闭气藏 3 类。川东北地区高含硫气藏主要为构造-岩性复合圈闭气藏与生物礁岩性气藏,普遍具有强烈的非均质性、储层致密、隐蔽性强、储层连通性复杂的特点,这两类气藏往往勘探开发难度较大。本节将从储层精细描述、开发配套技术和储层改造对策 3 个方面介绍四川盆地高含硫气藏开发的技术政策。

1.3.1 储层精细描述

气藏开发效果受到工艺技术和地质因素的共同制约,寻找优质储层发育带对实现高含硫气藏"少井高效"的勘探开发目标具有重要意义。地质勘探时开展储层精细描述,明确优质储层形成机理、主控因素并建立相应发育模式,有助于指导开发选区及井位部署工作。

1. 普光气田优质储层识别

普光气田位于四川省宣汉县境内,是川东断褶带东北段双石庙—普光北东向构造带上的一个鼻状构造。普光气田主要含气层系为上二叠统长兴组及下三叠统飞仙关组,气层埋深为 4800~5900m,地层压力为 55~57MPa,地层温度为 120~133℃,H_2S 平均含量为 14.28%,储集空间以次生孔隙为主、缝洞发育较少。由于碳酸盐岩气藏受沉积、成岩和构造作用的共同控制,孔隙类型、溶蚀程度和裂缝发育程度复杂多样,储层非均质性严重。普光气田飞仙关组储层发育的优质程度主要受沉积作用、成岩作用和构造作用的联合控制,其中沉积作用是基础,台地边缘浅滩沉积为最有利的储集相带。

普光气田优质储层发育特征如图 1-1 所示。现有研究表明,开江—梁平陆棚两侧的台地边缘滩演化存在差异,陆棚西侧台地边缘滩以前积发育为特征,陆棚东侧台地边缘滩则以加积为主。区内台地边缘鲕粒滩发育规模最大,储集性能变好,由核部向两侧,滩体厚度减薄,并常与泥晶-粉晶白云岩或石灰岩呈指状互层,储集性能相应变差。通过创新超深礁滩相气藏开发精细描述技术,气藏描述单元由三级层序提升到四级层序,建立的三维地质模型精确描述了超深储层的含气性和空间展布。根据优质储层展布特征设计的气井均钻遇优质气层,成功率达 100%,有效地提高了这类气藏的勘探开发效果。

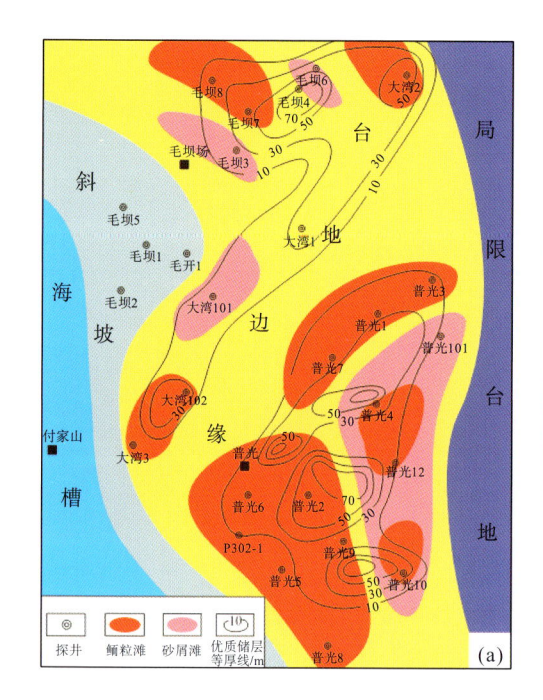

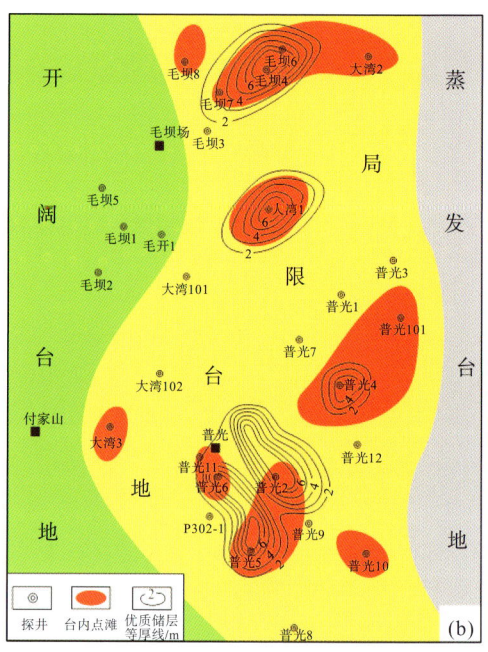

图 1-1 普光及周边地区飞仙关组储层与沉积相分布叠合图[28]

(a)飞一段+飞二段；(b)飞三段

2. 复杂小礁体气藏精细描述和薄储层精细刻画技术

四川盆地元坝气田位于川北拗陷北东向构造带与仪陇—平昌平缓构造带之间，是国内外已建成开发的、埋藏最深的超深层高含硫生物礁气藏。元坝气田主力层位长兴组多期礁、滩叠置，埋藏深度为 6300~7200m，储层厚度为 16~140m，以晶粒白云岩为主的优质储层薄，气藏非均质性强，单个礁滩体小，不同礁滩体具有独立的气水系统，要实现高效开发，精细的气藏描述和薄储层刻画技术就十分关键。

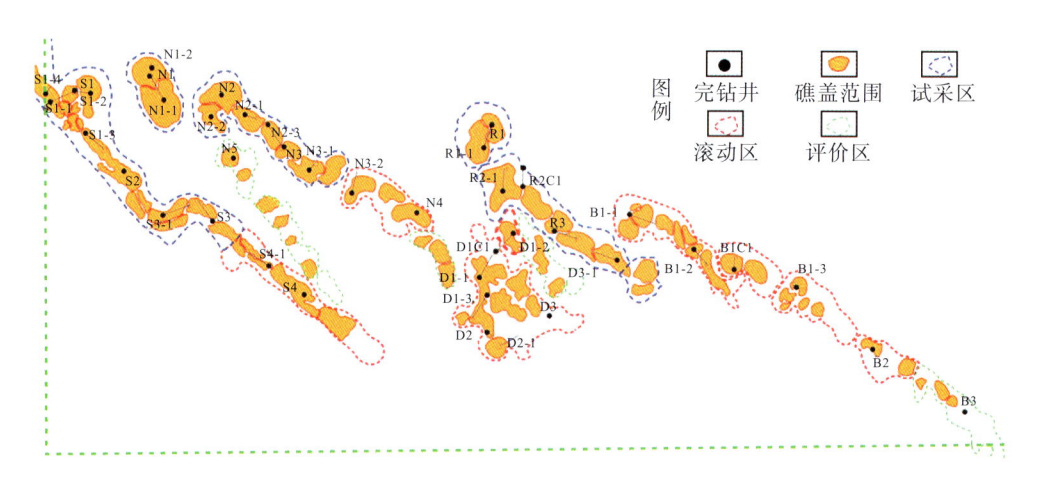

图 1-2 元坝气田长兴组生物礁精细刻画礁顶分布范围及井位分布图[29]

以生物礁发育与储层分布模式为指导，综合采用古地貌分析、瞬时相位、频谱成像和三维可视化等技术，对礁带、礁群和单礁体展布进行精细刻画。元坝地区长兴组礁相区可分为 4 条礁带和 1 个礁滩叠合区，进一步精细刻画为 21 个礁群和 90 个单礁体，单礁体礁顶面积为 1km^2 左右(图 1-2)。在单礁体识别与精细刻画的基础上，综合应用相控波阻抗反演、伽马拟声波反演、相控叠前地质统计学反演等技术，对生物礁储层进行分类预测和精细描述，该区长兴组礁相储层总厚度为 40～100m，Ⅰ+Ⅱ类储层厚度为 20～40m，通过实钻数据显示元坝长兴组生物礁储层预测符合率超 95%。

1.3.2 高含硫气藏开发配套技术

1. 硫沉积防治技术

现有高含硫气藏开发实践表明，随着温度和压力降低，硫在储层和管道中的沉积效应对气田开发产生较大的影响，目前硫沉积是高含硫气藏开发的三大难题之一。我国华北油田的赵兰庄气藏，在 1976 年试采，产生严重的硫沉积而被迫关井，至今尚未投产。普光气田因硫沉积效应造成整个气田年产能降低 10×10^{8}m^3，罗家寨情况与普光比较类似，部分气井产能同样受到硫沉积的影响[30]。因此，在开采过程中消除或者降低硫沉积的影响，是高含硫气田高效开发和稳产的关键因素之一。

单质硫以物理或化学溶解的形式赋存于酸性气体中，随着温度和压力的降低，硫的溶解度降低并析出结晶，结晶随着气体运移，在吸附力等作用下聚集形成硫沉积。地层硫沉积主要受温度、压力和气体组分制约，首先发生于地面集输系统，其次为井筒，最后为地层。目前硫沉积堵塞解堵有"溶硫剂溶解法"和"连续油管机械冲刷法"。对于堵塞程度不是特别严重，通道没有完全堵死的井宜采用溶硫剂溶解法，溶硫剂有物理溶硫剂和化学溶硫剂，其中物理溶硫剂只能处理堵塞程度非常轻的硫沉积；对于严重堵塞、溶硫剂无法注入的井，在确保安全的前提下采取连续油管机械冲刷法解堵。

现有研究表明，地层中硫沉积主要发生在距井筒较小的范围之内，距井筒越近，硫沉积量越大，在气流速度高于临界携硫速度时，气流能将从含硫饱和天然气中析出的硫携带出地层，不会造成储层伤害，而当气流速度低于临界携硫速度时，气井产量越大，硫沉积越快，气井生产时间越短。因此在开发高含硫气藏时，应采取以下对策：①气田投入开发时，气井初期配产必须大于气体携硫临界产量，以保证稳产阶段不出现硫沉积；②若气井初期配产小于气体携硫临界产量，则在可能的情况下尽量采用小压差生产，以减小硫析出量，降低硫沉积速度；③硫沉积速度随时间呈加速变化，防止硫沉积造成储层完全堵塞的最佳时机应在储层含硫饱和度急剧增大之前。

2. 井型优化与布井方式

1) 开发井型优化

高含硫气藏为典型的海相碳酸盐岩气藏，这类气藏具有储层厚度大、非均质性强的特点，如普光气田有效储层厚度范围为 100～400m。普光、元坝、黄龙场等气田的开发实践表明，气井高产稳产的关键因素是储层物性和井控储量，传统意义上的直井难以形成高效的工业生产井。如图1-3所示，水平井与定向井相对于直井而言可以增大与储层接触的有效面积，提高优质储层与裂缝的钻遇率，因此这两类井型在高含硫气藏中得到了广泛的应用。

元坝气田采用水平井穿多个礁体，提高了平面储量动用程度，有效避开了水层，采用大斜度井提高纵向储量动用程度，27口开发井获得了 $34×10^8m^3$ 的年产能。川东北黄龙场鲕滩高含硫气藏直井产能较低，采用水平井开发时，水平井钻遇率相对邻井直井提高了31.7倍，测试产量提高了18.5倍[31]。同时井口生产油压的压降速率远远低于直井，表现出稳产能力较强、动态储量大的特征，表明水平井和大斜度井能够有效提升这类气藏的开发效果。

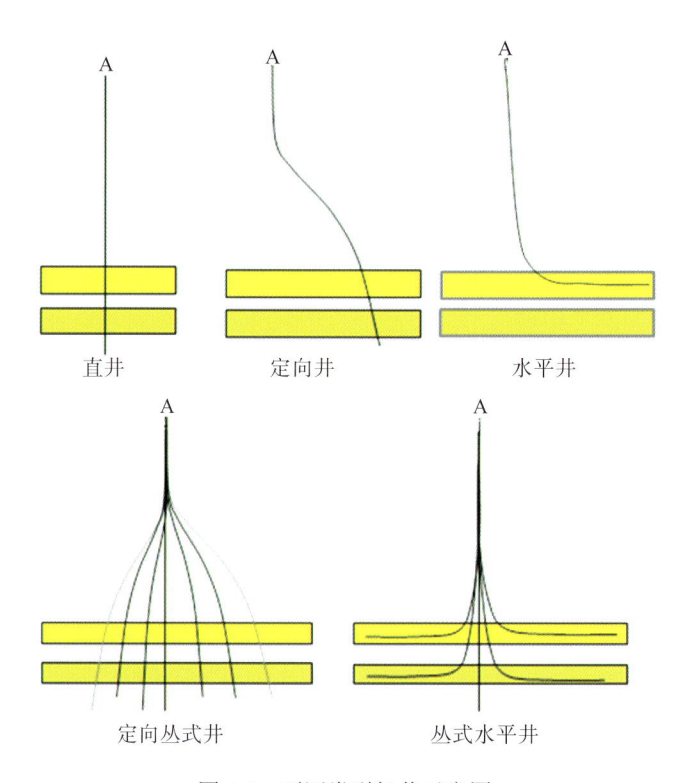

图1-3 不同类型气井示意图

2) 布井方式

国内高含硫气藏主要集中在四川盆地边缘山区位置，这些气藏地表属于山地地形，区内地形复杂，山势陡峻，沟壑纵横，地形条件复杂，交通不便，一井一场的钻井、管理方式成本较高，同时极不方便后期管理。高含硫气藏富含剧毒性气体 H_2S，在气藏开发的钻、采、集、输、处理流程中，必须重视安全，采用丛式井组布井可减少钻前工程量，便于集中管理，有利于安全生产，可减少地面集输管网，节约地面建设投资。高含硫气田宜采用在地面集中的丛式井组布井系统。

3. 合理井距

合理井距的确定是气藏高效开发的前提，井距过大时动用储量和最终累计可采气量减少，井距过小导致井间干扰严重和经济效益差。气藏合理井距受到储量丰度、储层厚度、非均质性、经济效益等因素的综合影响，目前确定合理井距的方法包括经济极限井距法、合理采气速度法、类比法、数值模拟法、干扰试验法、泄流面积法和经验法等。考虑到整个气藏的开发经济效益，因此经济极限井距是气藏合理井距的下限，应综合考虑单井控制储量、采气速度、稳产期、经济效益等与井距的关系，采用多种方法分别确定各种约束条件下的井距，优选出合理井距。例如，普光气田合理井距范围为 800~1300m，平均井距在 1000m 左右，其井距计算图版如图1-4所示。

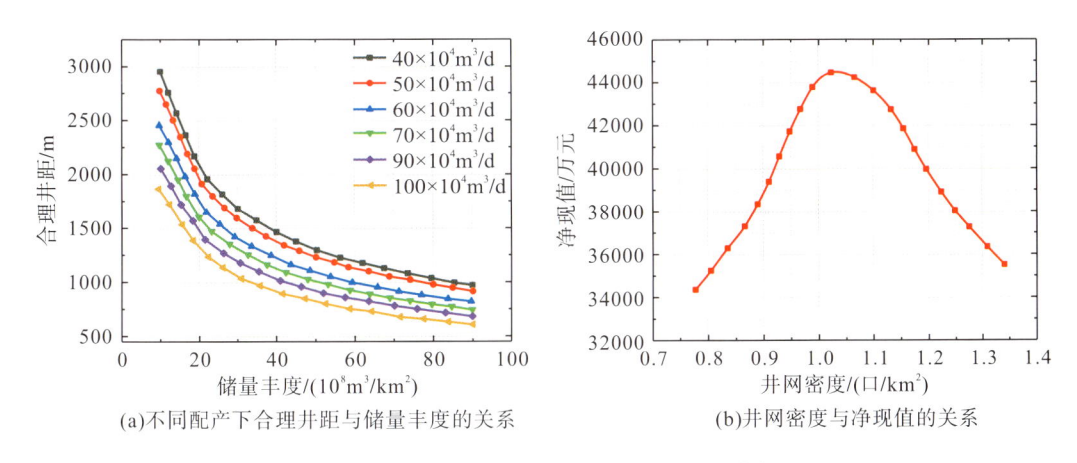

(a) 不同配产下合理井距与储量丰度的关系

(b) 井网密度与净现值的关系

图1-4 普光气田确定合理井距计算图版[30]

1.3.3 高含硫气藏储层改造对策

压裂酸化简称酸压，是目前高含硫气藏储层增产和稳产的主要技术手段之一。酸压是指在高于地层破裂压力的条件下用酸液作为压裂液，进行不加支撑剂的压裂，通过酸液的溶蚀作用将裂缝的壁面溶蚀成凹凸不平的表面，形成具有一定导流能力的不完全闭合裂缝。目前高含硫气藏储层改造工艺技术由普通的酸化解堵工艺，发展为深度酸压、转向酸压、加重酸压、超大型重复酸压等技术。高含硫气藏大型酸压改造技术在国内气藏中应用后取得了较好的开发效果，元坝气田长兴组气井经规模 $400m^2$ 胶凝酸射孔酸压测试，获得日产天然气 $120.2×10^4m^3$，普光气田气井经酸压后日产气量由 $30×10^4m^3$ 提高到 $80×10^4m^3$。

1. 深度酸压工艺

对于孔、渗条件较差的川东北海相碳酸盐岩储层来说，钻井和完井作业过程中工作液对储层的污染损害并不是造成单井自然产能较低的最主要原因，低孔、低渗和导流能力的限制是影响产能最重要的因素。针对这类碳酸盐岩储层特征，以"前置酸+主体酸+闭合酸"和"前置酸+多级液体注入+闭合酸"酸压工艺为代表的深度酸压改造措施能够有效提升气井产能[32]。深度酸压工艺是使用前置酸解除近井带堵塞,降低地层破裂压力,用主体酸压开地层,对储层较深部碳酸盐岩进行溶蚀改造,沟通储层的有效天然裂缝系统,用闭合酸作为闭合酸化阶段的酸化工作液,用于提高闭合裂缝的导流能力。同时采用交替注入压裂液段塞和主体酸,可对储层进行有效降温,增加造缝距离以沟通储层的天然裂缝系统,同时降低酸岩反应速率,增加酸蚀的有效距离。

2. 加重液复合酸化工艺

高含硫气藏具有埋藏深(4000~7000m)、岩性致密和地层破裂压力高的特点,部分气藏导致泵压超过施工限压无法正常酸压。针对深层储层高破裂压力的问题,加重液体压裂是实现上述目标的重要手段,目前压裂液密度可提升至超过 2.0g/cm³。目前元坝气田开发形成了加重液复合酸压技术,该技术在前置阶段采用加重压裂液体系,可以降低井口泵压 20~30MPa[33]。元坝气田通过在注入前置酸之前采用高密度(1.8~2.0g/cm³)加重酸液来提高液柱压力,实现在井口施工限压下增加井底净压力,目前该气田创造了井底压力最高(212MPa)的液体加重世界纪录。

3. 多级酸压

多级酸压也称交替酸压,它是在前置液酸压的基础上发展而来的一项酸压工艺[34]。多级注入酸压的机理是:①依靠前置液造缝并在缝面上形成滤饼,降低酸液滤失,并通过后面的高黏酸液充填酸蚀溶洞,相对减小溶洞的扩大,增加酸蚀距离;②依靠前置液和酸液黏度差特性,在缝中产生黏性指进,在裂缝壁面形成分布均匀的刻蚀沟槽,提高酸压后酸蚀裂缝的导流能力,进而提高增产效果;③通过前置液预先降低地层温度,延缓酸岩反应速度,增大酸液穿透距离。多级酸压工艺在鄂尔多斯盆地大牛地气田、超深裂缝型碳酸盐岩油藏中均取得较为良好的应用效果,在大牛地气田应用后气井产量提升幅度高达 64.3%[34,35]。

4. 超深长水平段多级暂堵分流酸化增产技术

碳酸盐岩储层一般具有产层厚度大、非均质性极强的特点,采用水平井开发时,要实现储层的深层次改造,必须阻止酸液向高渗层的单向渗透,转而改造低渗储层,最终达到储层整体改造的目的。为了实现对长井段、大跨度、渗透性差异较大的储层同时进行改造,现有的以"多级交替注入、暂堵转向深度酸化"为核心的超深长水平段多级暂堵分流酸化增产技术,突破了多级暂堵分流酸化增产措施的应用极限,解决了超深、高温、高压下酸岩反应速度快、液体滤失高,长水平段难以充分改造的问题,气井酸化增产效果明显,大湾气田水平井增产达到 2.2 倍[36]。

5. 转向酸压

非均质性强的储层酸液吸收效果不同,酸液优先进入高渗带和裂缝中,而低渗带吸收酸液量少导致改造效果差。为提高非均质性强储层的酸压效果,向酸液中添加转向剂形成转向酸体系,转向剂能够堵住大孔道,改变酸液的流动剖面,从而提高低渗区域的改造效果。转向酸压技术在四川盆地安岳气田灯影组、普光气田飞仙关组等碳酸盐岩储层内得到了广泛的应用，取得了良好的效果，是这些气田目前的主要增产改造手段之一。转向酸压形成的裂缝导流能力主要受到岩石物性、酸液含量、储层温度、注酸排量、酸液用量等因素的影响[37]。

1.4 本书主要内容

本书针对高含硫气藏衰竭开发过程中单质硫在储层中沉积导致的渗流规律复杂的问题，在介绍川东北地区飞仙关组鲕滩气藏地质特征的基础上，首先通过室内岩心硫沉积和微观驱替实验，介绍了高含硫气藏开发过程中硫沉积导致的储层伤害机理和微观渗流理论模型。其次在实验和渗流模型的基础上，建立了考虑硫沉积的气井产能和试井解释模型。再次介绍了传统产量递减规律和现代产量递减模型在高含硫气藏中的运用。最后介绍了高含硫气藏开发过程中采用的提高开发效果的技术政策。本书基于对高含硫气藏渗流理论的研究，建立了一系列理论模型，并将之应用到实际中，完善了高含硫气藏动态描述方法，对提高高含硫气藏开发效果具有重要的帮助。本书共包含 7 个章节，主要内容如下。

第 1 章为绪论，基于现有公开的文献，主要介绍了高含硫气藏渗流规律、产能评价、试井解释和开发技术政策研究现状。

第 2 章为川东北地区飞仙关组鲕滩气藏储层特征，详细地介绍了该地区鲕滩气藏构造、沉积和储层特质。

第 3 章为川东北地区飞仙关组鲕滩气藏渗流特征，通过天然碳酸盐岩衰竭硫沉积实验和多相驱替实验，介绍了高含硫气藏开发过程中硫元素在地层中的相态变化及其对储集空间和岩石物性的影响，同时介绍了高含硫气藏微观渗流模型。

第 4 章为川东北地区飞仙关组鲕滩气藏产能评价技术，针对硫沉积对储层物性和渗流造成的影响，详细地介绍了气藏稳态和非稳态产能评价模型、产能测试过程中常见的异常情形及处理方法。

第 5 章为川东北地区飞仙关组鲕滩气藏试井解释理论，建立了在单质硫析出和沉积影响下的气井不稳定渗流模型，同时对实测数据进行解释得到储层物性参数，分析了硫沉积等作用对储层物性的影响。

第 6 章为川东北地区飞仙关组鲕滩气藏递减理论分析，详细地介绍了传统产量递减和现代产量递减理论及其在区块的应用。

第 7 章为川东北地区飞仙关组鲕滩气藏开发技术政策，详细地介绍了高含硫气藏合理井网与井距评价、气藏动态分析和储层改造等方面的开发技术政策，便于提高气藏开发效果。

第 2 章　川东北地区飞仙关组鲕滩气藏储层特征

鲕滩作为一种特殊沉积体及重要油气勘探目标，一直是地质学家的关注重点。目前已在环开江—梁平海槽台缘带三叠系飞仙关组鲕滩气藏已相继发现渡口河、罗家寨、滚子坪、普光、铁山坡等大中型气藏。川东北地区鲕滩气藏是目前天然气勘探开发的重点领域，本章将以铁山坡气藏为例介绍本区域气藏地质特征。

2.1　川东北地区飞仙关组鲕滩气藏构造特征

铁山坡气藏所在的川东北部飞仙关组鲕滩储层发育区位于大巴山弧前褶皱带与川东高陡构造带交会处，由于受不同方向构造应力的相互作用，区内地表及地腹构造关系十分复杂，但总体上可分为 NNE 向、NW 向和 NEE 向三组构造体系，中部由这三组构造体系围成的褶皱形式较复杂、构造形迹相互交融、褶皱强度相对较弱的台地内部小型拗陷或盆地（五宝场拗陷）构成。

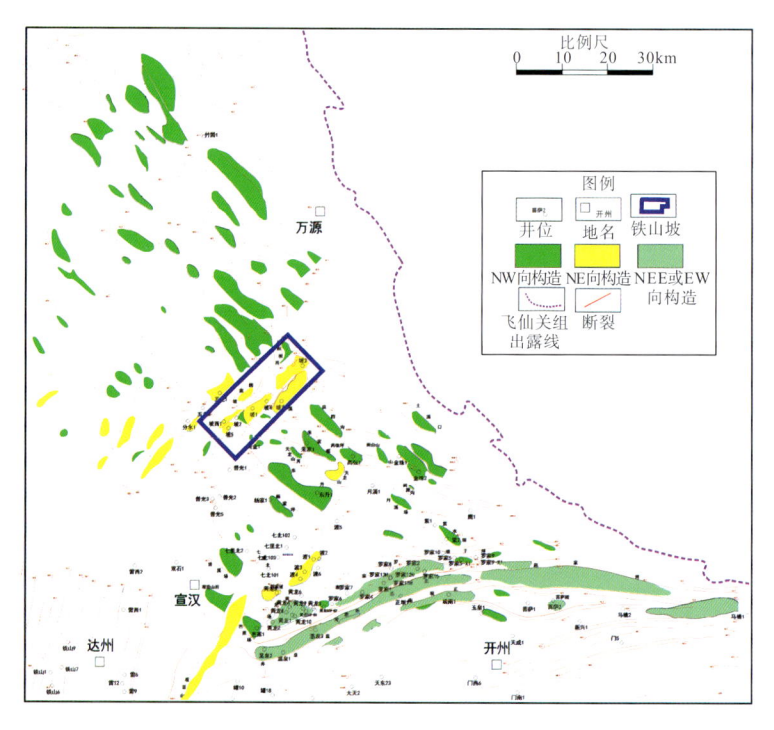

图 2-1　川东北地区飞四底界构造圈闭走向分类图

第 2 章 川东北地区飞仙关组鲕滩气藏储层特征

从川东北地区飞四底构造圈闭走向分布来看(图2-1)，坡西地区(Ⅰ区)圈闭以NW向为主，铁山坡—温泉井地区(Ⅱ区)圈闭NE、NW向均有，温泉井南—马槽坝地区(Ⅲ区)圈闭以NEE和近EW向为主。川东北部地区大巴山前缘构造变形样式差异性主要是受到来自北大巴山褶皱带NE向挤压应力、来自川东褶皱带NW向挤压应力以及川中地块的SE向反作用力联合作用的结果。以上这三种构造体系所围成的三角形地带是目前飞仙关组鲕滩储层主要分布区，铁山坡气田就位于这个三角地带的西北边缘。

2.1.1 构造圈闭特征

铁山坡地区飞四段底界构造复杂，断层十分发育，横向上，从背斜与向斜构造组合关系可以看出，构造格局由东向西可分为坡东潜伏构造带、铁山坡构造带及坡西潜伏构造带。三者之间由坡①号和坡②号断层分隔，每个构造带均由多个高点组成(图2-2)。

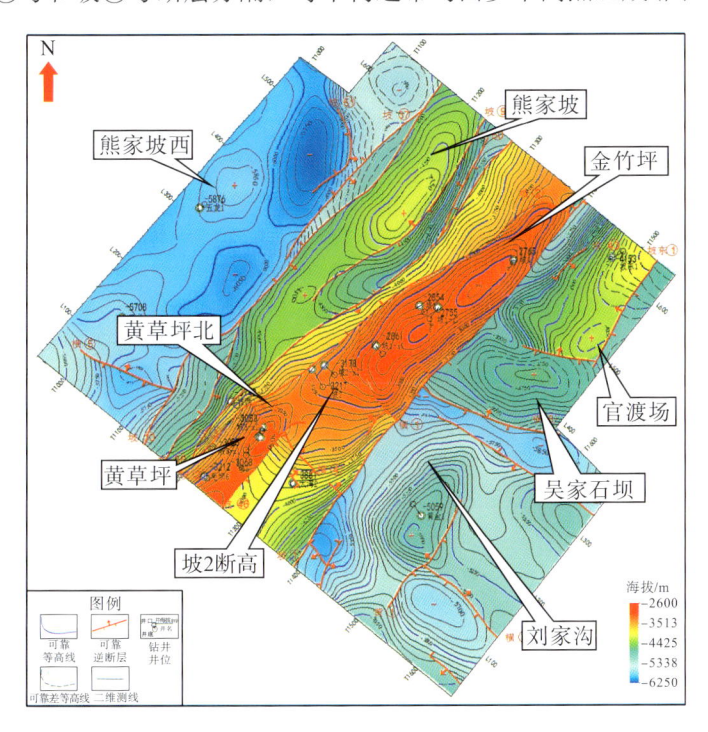

图 2-2 铁山坡区块飞四段底界地震反射构造图

铁山坡构造位于整个区块中部，由西南向东北贯穿全工区，为坡①号和坡②号断层切割抬升的长条形断背斜，与相邻的毛坝、大湾形成共圈，构造整体长16.9km，宽3.1km，面积41.74km^2。

主体构造总体呈现西北缓、东南陡的构造格局。构造带内由于受NE向挤压应力的作用发育横①和横③号断层，形成两端高中间低的构造格局，由北往南发育金竹坪构造、坡2井区断高、黄草坪高点共3个圈闭，对应井区为坡1井区、坡2井区和坡5井区(图2-3)。

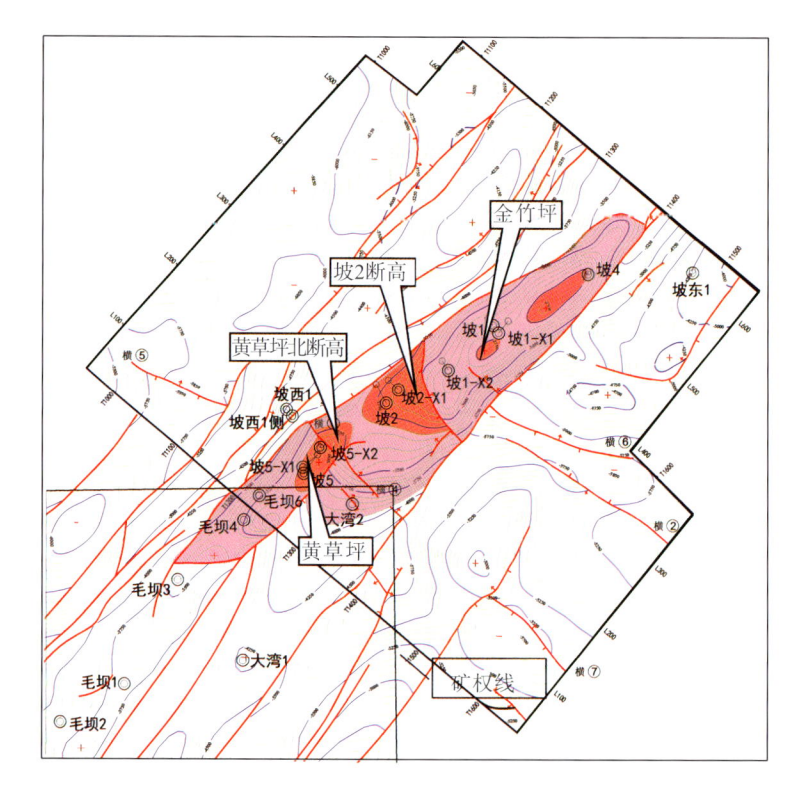

图 2-3 铁山坡—大湾、毛坝区块飞四段底界地震反射构造图

1）金竹坪构造

该构造位于铁山坡构造带北段，主要受坡①号和坡②号断层控制，轴线为 NE 向，构造内发育南、北两个高点，该构造在飞四段底—飞仙关组底构造上均存在。飞四构造长度 8.6km，宽度 2.6km，高点海拔-2690m，最低圈闭线海拔-3350m，闭合高度 660m，闭合面积 18.1km^2。

2）坡 2 井区断高

该构造位于铁山坡构造带中段。构造走向主要受坡①号和坡②号断层控制，但由于受横①和横③号断层切割，构造规模也受这两条横断层的控制，该构造在测区范围内存在两个圈闭，分别为黄草坪北断高和坡 2 断高，并且两个圈闭与大湾 2 井区形成共圈，该构造在飞四段底—飞仙关组底构造上均存在。飞四构造长度 5.3km，构造宽度 3.5km，高点海拔-3040m，最低圈闭线海拔-3950m，闭合高度 910m，闭合面积 14.97km^2。

3）黄草坪高点

该构造位于铁山坡构造带南段，主要受坡①号和坡 46 号断层控制，轴线为 NE 向，往南与毛坝 4 井区形成共圈，共圈面积 8.67km^2，研究区内飞四构造长度 1.7km，构造宽度 0.8km，高点海拔-3020m，最低圈闭线海拔-3100m，闭合高度 80m，闭合面积 1.25km^2。

2.1.2 断层特征

总体来看，铁山坡地区二叠系、三叠系褶皱剧烈，断层十分发育。一般为发育于构造两翼、顺构造走向随构造的扭动而扭动的倾轴逆断层，切割构造呈断垒并控制了构造形态。从纵向上看，断层落差较大，大部分断层断穿二叠系，向上消失于三叠系内部，向下消失于志留系或寒武系内；从横向上看延伸较远。本区断层以 NE 走向为主，同时伴有 NW 走向的断层。

1) 坡①、坡②、坡 46 号断层

该组断层为控制铁山坡主体构造的断层。延伸方向与主体构造平行，呈 NE 向，控制了铁山坡主体构造带的构造形态、隆起幅度及宽缓程度。

坡①号断层：位于铁山坡主体构造带东南翼，向北、向南延伸出研究区，区内延伸长度约 15.8km，倾向 NW，与构造轴线平行，倾角 60°~70°，落差 1100~1500m，向上消失在嘉陵江组内部，向下消失于奥陶系。

坡②号断层：位于铁山坡主体构造带西北翼，向南延伸出工区，向北消失于坡①号断层上盘，区内延伸长度约 16km，倾向 SE，与构造轴线平行，倾角 50°~60°，落差 200~700m，向上消失在嘉陵江组内部，向下消失于奥陶系。

坡 46 号断层：位于铁山坡主体构造带内部，向南延伸出研究区，向北消失于坡 2 井区内，区内延伸长度约 4.6km，倾向 NW，与构造轴线平行，倾角 60°~70°，落差 50~900m，向上消失在嘉陵江组内部，向下消失于二叠系。

2) 横①、横③、横④号断层

该组断层为垂直于铁山坡构造轴线的横断层，呈 NW 向，控制了坡 2 井区断高的构造形态、隆起幅度及宽缓程度。

横①号断层：位于区内坡 2 井区断高北侧，为切割金竹坪与坡 2 井区断高的控制断层，向西、向东分别终止于坡②、坡①号断层，区内延伸长度约 3.5km，倾向 NE，与构造轴线垂直，倾角 40°~60°，落差 80~430m，断层东段落差大、西段落差小，向上消失在嘉陵江组内部，向下消失于二叠系。

横③号断层：位于区内坡 2 井区断高南侧，为切割黄草坪与坡 2 井区断高的控制断层，向西、向东分别终止于坡②、坡 46 号断层，区内延伸长度约 1.4km，倾向 SW，与构造轴线垂直，倾角 50°~70°，落差 50~100m，向上消失在嘉陵江组内部，向下消失于二叠系。

横④号断层：位于坡 2 井与大湾 2 井之间，该断层切割坡 2 井区共圈的控制断层，但并未完全贯通，向西终止于坡 46 号断层，向东逐渐消失于单斜构造内，区内延伸长度约 1.8km，倾向 NE，与构造轴线垂直，倾角 50°~70°，落差 20~200m，断层西段落差大东段落差小，向上消失在嘉陵江组内部，向下消失于二叠系。

2.2 川东北地区飞仙关组气藏地层特征

区域上,川东北部地区下三叠统飞仙关组仅 T_1f^4 段与下伏 T_1f^{3-1} 段分层明显,岩性组合、电性特征、生物化石类型、地层厚度均较稳定,且区域对比性好,易于区分;T_1f^1、T_1f^2、T_1f^3 段,因 T_1f^2 泥页岩相变为灰岩难以细分,统称为 T_1f^{3-1} 段。其底界与下伏二叠系长兴组呈整合接触,与上覆三叠系嘉陵江组呈整合接触。

飞仙关组地层中下部主要为一套灰色、褐灰色粉晶灰岩及亮晶鲕粒白云岩、灰岩,顶部为紫红色泥岩、泥灰岩及石膏互层。T_1f^4 段岩性主要为紫红色泥岩和灰褐色、灰绿色白云岩、泥云岩、泥灰岩及灰白色石膏,自然伽马值为 14~75API,深侧向电阻率为 28~38000Ω·m;T_1f^{3-1} 段岩性主要为一套灰色、褐灰色、灰褐色粉晶灰岩及亮晶鲕粒白云岩、灰岩,中下部发育一套石膏、白云质膏岩,主要分布在坡 2 井及以北区域,根据岩性、电性特征可横向追踪对比。

2.2.1 飞仙关组顶、底界划分

飞仙关组与上覆嘉陵江组(嘉一段)为整合接触。岩性特征为飞仙关顶部由一套灰色、紫红色泥岩、灰色灰岩、泥质白云岩夹灰白色石膏组成;电性特征为飞仙关组顶部 T_1f^4 泥岩自然伽马值高,电阻率低,所夹的多层泥质白云岩具有中高自然伽马值、中至低电阻率特征,而上覆嘉一段地层底部灰岩的自然伽马值低、电阻率较高,飞仙关组顶部大套低自然伽马顶界作为飞仙关组与嘉陵江组的分层界面。

飞仙关组与下伏长兴组整合接触,飞仙关底部地层岩性均为深灰色泥灰岩、泥质灰岩组成,下伏长兴组顶部一般为深灰色灰岩、灰褐色含燧石结核灰岩;电性特征具有高自然伽马值、低电阻率的特征,而下伏长兴组地层顶部灰岩具有低自然伽马值、中-高电阻率的特征。

根据研究区和邻区实钻井地层对比,铁山坡飞仙关组地层分布稳定,厚度在 371~433m,平均厚度 399m(图 2-4),往海槽方向地层逐渐增厚,形成填平补齐式的巨厚沉积。

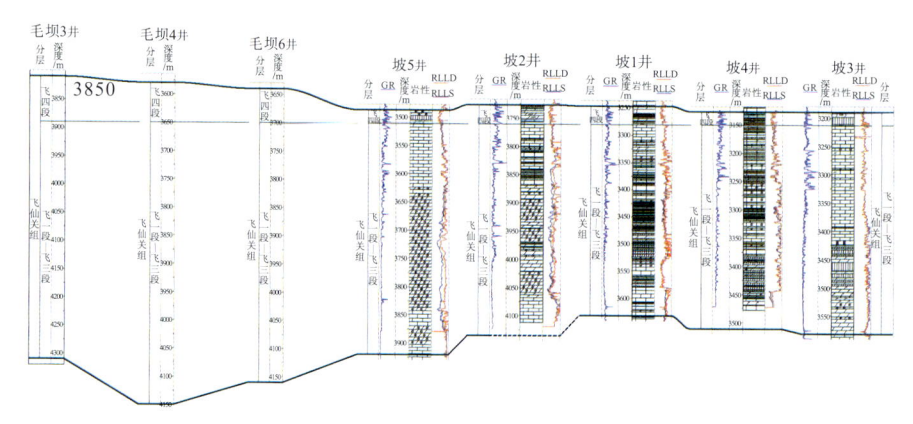

图 2-4 毛坝—铁山坡地区台缘带飞仙关组地层对比图

2.2.2 地层内部层序划分和对比

1. 层序划分

传统的根据岩性变化的地层划分方案在区域上不具有等时的意义,因为在沉积相带不断演化迁移的情况下,根据同时异相和相带穿时的原则,在同一时间界线下,平面上通常存在不同的岩相组合,而在剖面上,相同的岩相组合常常是穿越时间界线的。从开江—梁平海槽飞仙关组勘探实际来看,原 T_1f^1—T_1f^4 的划分方案已很难为鲕粒岩及储层分布研究提供一个合理的时间标准。

根据2004年中国石油天然气股份有限公司西南油气田分公司勘探开发研究院杨雨、王一刚等对川东北飞仙关组层序地层等时对比研究成果,本书认为川东地区上二叠统—飞仙关组为一个三级层序,其底为最大海泛面,顶为Ⅱ型层序界面。飞仙关组是相对海平面上升速率由快到慢的过程中形成的高水位体系域沉积,总体为一向上变浅的沉积序列,将飞仙关组从下至上划分为5个四级层序(即飞Ⅰ、飞Ⅱ、飞Ⅲ、飞Ⅳ、飞Ⅴ层序),该划分方案在海槽东、西两侧的典型井地层与沉积相研究中得到广泛应用。

采用以上四级层序划分方案,将飞仙关组划分为5个旋回,划分依据见表2-1。储层主要发育飞Ⅰ旋回顶部至飞Ⅲ旋回,与原有的 T_1f^1—T_1f^4 对比,飞Ⅰ旋回大致与 T_1f^1 下部相当,飞Ⅱ、Ⅲ旋回大致与 T_1f^1 中上部和 T_1f^2 相当,飞Ⅳ旋回—飞Ⅴ旋回下部大致与 T_1f^3 和 T_1f^4 相当。

表2-1 实钻井飞Ⅱ旋回段膏岩层厚度统计表

井区	井号	石膏厚度/m	白云质膏岩厚度/m
坡3井区	坡3井	43.6	7.7
坡1井区	坡4井	37.0	13.0
	坡1井	26.7	8.4
坡2井区	坡2井	0	8.4
坡5井区	坡5井	0	0

2. 层序对比

根据单井内部各层序划分结果对比分析,无论是厚度,还是岩性,均呈现明显的变化。从台缘到海槽方向,随着飞仙关组厚度增大,飞Ⅰ、Ⅱ、Ⅲ层序地层厚度变化趋势与总厚度变化趋势相似,是飞仙关组地层填平补齐的主要时期;到飞Ⅳ层序,地层沉积相对稳定,地层厚度变化幅度不超过60m,地层厚度变化逐渐均一;到飞Ⅴ层序,海槽基本被填平,表现为均一化的潮坪沉积,沉积厚度差小于30m,层序界面近于水平。总体上,飞Ⅰ~Ⅴ层序呈现出向海槽相区进积特征。

飞Ⅱ旋回段早期发育石膏层,根据实钻井与地震预测分析(图2-5、图2-6,表2-1),主要分布在坡2井—坡3井区,由南向北石膏层逐渐增厚,坡5井区未钻遇石膏层,坡2

井区石膏层厚度薄，不到 10m，且主要为云质膏岩，坡 1 井区膏岩类厚度 35～50m，且 75%为石膏，到坡 3 井区石膏比例更大，达到 85%；结合地震预测成果分析，石膏在坡 1 井区大面积发育，分布稳定，越往北厚度越大，往南于坡 2 井附近消失。

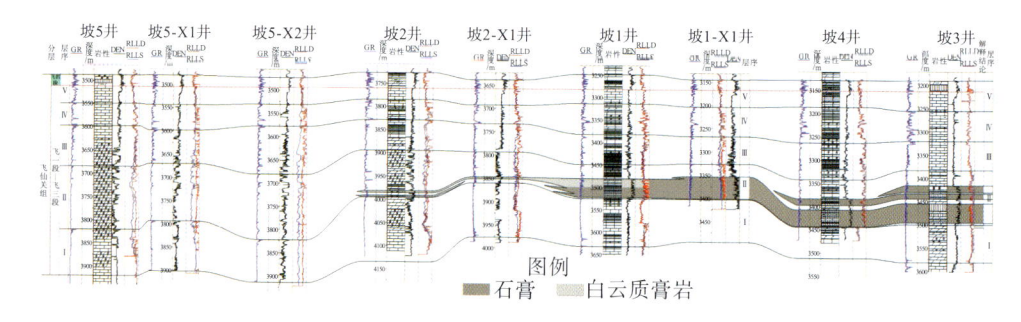

图 2-5　坡 5 井—坡 2 井—坡 1 井—坡 4 井—坡 3 井层序地层对比图

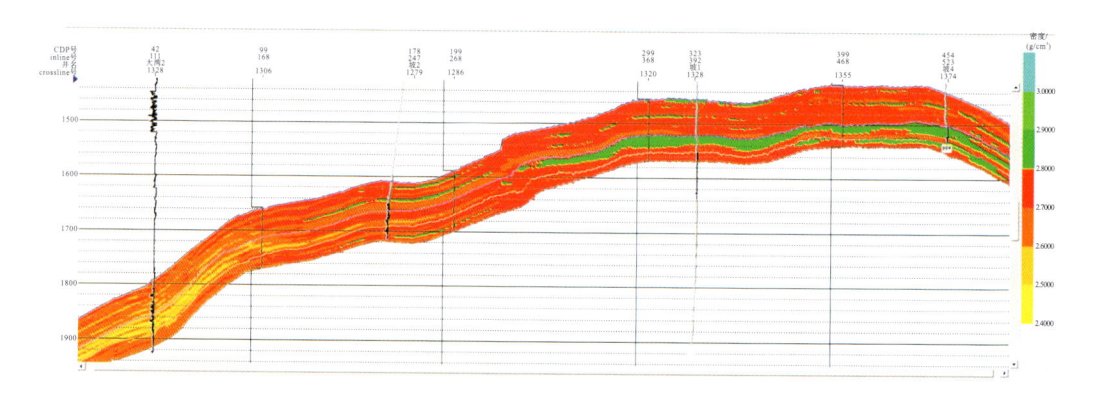

图 2-6　坡 2 井—坡 1 井区地震密度反演剖面

2.3　川东北地区飞仙关组鲕滩气藏沉积特征

2.3.1　沉积背景

二叠系晚期至三叠系早期，对四川及邻区海域而言，康滇古陆一直是主要的物源区，飞仙关组早期在古陆的前缘为冲积扇-河流相，向东依次为海陆交互相、半局限海相、碳酸盐台地相及开江—梁平海槽和城口—鄂西海槽等几个大的沉积单元，北为南秦岭洋，东、南分别为鄂西海槽、滇黔桂广海。结合区域构造背景，大的沉积相带展布明显受基底断裂控制，川东地区主要为碳酸盐台地相及海槽相，远离物源区，由于川中半局限海的阻隔，大部分地区未明显受到西侧物源的影响，沉积演化以台地不断增生、海槽逐渐退缩消亡为主要特征。

研究区飞仙关组沉积相的研究已有较长的历史，沉积模式及沉积基本轮廓已经建立，并得到了勘探的证实。前人研究成果为铁山坡沉积相的研究提供了丰富的资料和有益的借鉴。

2.3.2 沉积相类型划分及特征

通过野外露头、岩心观察和描述以及录井、测井等资料的综合分析认为，飞仙关时期铁山坡地区处于碳酸盐台地相区(图 2-7)，可划分为海槽相、斜坡相、台地边缘相、开阔台地相和局限台地相 5 个亚相，进一步细分为台缘鲕滩、滩间洼地、台内鲕滩、潟湖和潮坪等微相(表 2-2)，其中台缘鲕滩、台内鲕滩是储层发育有利的微相。

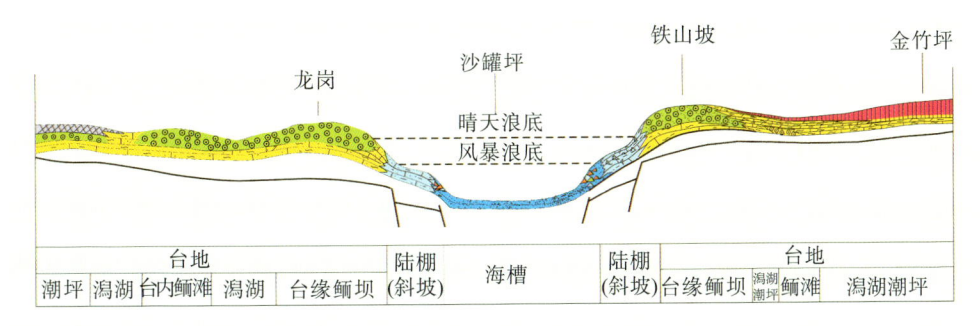

图 2-7 开江—梁平海槽飞仙关组沉积模式图

表 2-2 铁山坡地区飞仙关组沉积相划分简表

亚相	微相	岩性特征
局限台地相	潮坪	以紫红色泥质泥晶灰岩、泥晶白云岩为主，夹硬石膏
	潟湖	以灰色泥晶灰岩为主，夹白云质泥晶灰岩、球粒泥晶灰岩
开阔台地相	滩间洼地	泥晶灰岩、生屑灰岩
	台内鲕滩	泥晶-亮晶鲕粒灰岩、鲕粒白云岩
台地边缘相	滩间洼地	泥晶灰岩、鲕粒泥晶灰岩、泥-粉晶白云岩
	台缘鲕滩	粉晶白云岩、鲕粒白云岩、鲕粒灰岩
斜坡相	斜坡	泥晶灰岩、泥质灰岩、角砾状灰岩
海槽相	海槽	泥岩、泥质灰岩、泥晶灰岩

主要微相特征简述如下。

台缘鲕滩：分布于鲕滩迎浪面一方的前缘地带，属台地边缘高能环境，其沉积过程受风浪控制。鲕滩中有大量的砂屑共生，原沉积鲕粒含量较少，以亮晶胶结为主，鲕滩沉积物淘洗充分，沉积物质纯，颗粒含量高，分选好，受间歇暴露地表的淡水淋滤作用形成溶蚀孔洞，致使白云石化程度高，储层改造十分彻底，是飞仙关组储层改造最有利的沉积微相。

台内鲕滩：台地上潮下高能环境沉积，主要受潮汐作用的控制。鲕滩体呈席状展布，具有平面上不规则、纵向上不稳定、单层厚度不大的特征，常与潟湖或潮坪环境沉积的泥状灰岩呈互层状，纵向上可有多个序列叠加，形成不规则的鲕滩叠复体。台内鲕滩数量虽较多，鲕滩体亦可被白云石化或溶解形成次生孔隙，成为储集层，但规模一般较小，随机分布性强。

滩间洼地：分布于鲕滩背浪面(滩后)一方，属于相对低能环境，其沉积过程中主要受潟湖内潮汐及微风浪控制，分选一般较差。存在大量灰泥或细粉晶方解石，由于潟湖内的蒸发作用，普遍存在大量的石膏等蒸发矿物，与白云岩互层状分布。主要岩性为泥-细粉晶灰岩，团粒、豆粒灰岩，鲕粒白云岩、石膏及膏质白云岩。该微相中储层发育较差。

潟湖、潮坪：横向上远离鲕滩，分布于潟湖边缘，主要岩性为泥-细粉晶白云岩、石膏及膏质白云岩。该微相难以形成有效储层。

2.3.3 鲕滩发育特征

1. 鲕滩纵向发育特征

根据实钻井不同旋回鲕滩厚度统计(表2-3)，研究区内实钻井鲕滩平均厚度为187m，其中，飞Ⅰ旋回鲕滩厚度为19~82m，平均厚度为53.75m；飞Ⅱ旋回鲕滩厚度为0~138m，平均厚度为57.50m；飞Ⅲ旋回鲕滩厚度为51~74m，平均厚度为59.50m；飞Ⅳ旋回鲕滩厚度为0~28m，平均厚度为16.25m；飞Ⅴ旋回鲕滩不发育。实钻井纵向对比，鲕滩主要分布在飞Ⅰ旋回顶部~飞Ⅲ旋回，飞Ⅱ、飞Ⅲ旋回主要发育优质台缘鲕滩，飞Ⅳ旋回主要发育台内鲕滩；飞Ⅰ、飞Ⅱ和飞Ⅲ旋回鲕滩厚度相当，飞Ⅳ旋回鲕滩厚度较薄。

不同井区鲕滩纵向发育特征不同，台缘带前缘从飞Ⅰ旋回顶部到飞Ⅲ旋回鲕滩纵向连续发育，沉积巨厚滩体，以坡5井为代表；台缘带内侧鲕滩纵向为中厚型滩体叠加，滩体主要发育在飞Ⅰ旋回顶部、飞Ⅱ旋回中上部—飞Ⅲ旋回下部，以坡2井为代表；靠近台内区域主要为中-薄层滩体叠加，主要发育在飞Ⅰ旋回顶部、飞Ⅲ旋回—飞Ⅳ旋回，飞Ⅱ旋回滩体不发育，以坡4井为代表。

表2-3 完钻井各旋回鲕滩厚度统计表 (单位：m)

井号	飞Ⅰ旋回	飞Ⅱ旋回	飞Ⅲ旋回	飞Ⅳ旋回	飞Ⅴ旋回	小计
坡5	82	138	58	0	0	278
坡2	65	84	55	16	0	220
坡1	49	8	51	28	0	136
坡4	19	0	74	21	0	114
平均	53.75	57.50	59.50	16.25	0	187

2. 鲕滩横向分布特征

根据实钻井沉积相对比分析，由南向北，从台缘带的坡5井区向局限台地的坡3井区方向，鲕粒岩厚度逐渐减薄，各个旋回鲕粒岩厚度变化与总体变化趋势一致。

实钻井结合地震预测综合分析(图2-8~图2-11)，研究区鲕滩横向连续性较好，由南向北，鲕滩由整套巨厚滩体逐渐变为上、下两套滩体，台缘带前缘的坡5井区鲕滩厚度最大，到台缘带内侧的坡2井区发生了明显变化，表现为滩体间夹层增多，厚度减薄，再到坡1井—坡4井区，鲕滩明显分为上、下两套，坡4井以薄层台内鲕滩发育为主，到坡3

井区，由于相变为局限台地，鲕滩已不发育。

与邻区对比，坡 5 井区到毛坝 4 井区台缘滩体纵向位置一致，横向可对比性强，为巨厚的滩体连续分布；坡 2 井区往大湾 1—大湾 2 井区方向，受古地貌与沉积环境变化控制，处于鲕滩迁移、变化的过渡带，纵向滩核位置有所不同，坡 2 井到大湾 2 井滩体由两套渐变为一套，累计厚度减薄但纵向连续性变好，滩体总体表现为相互交错叠置、连续分布特征。

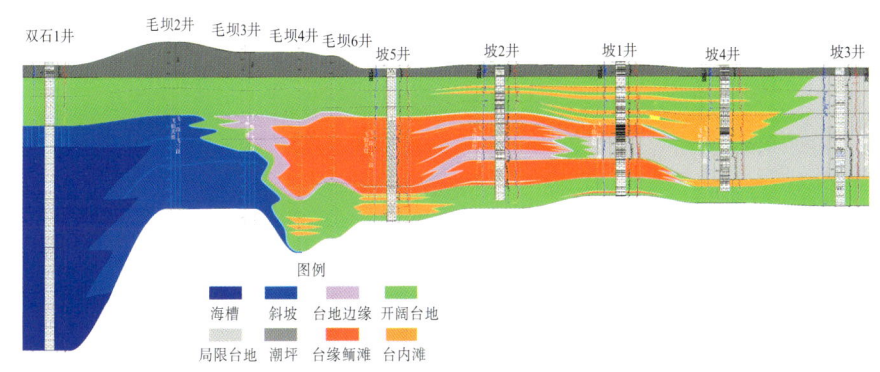

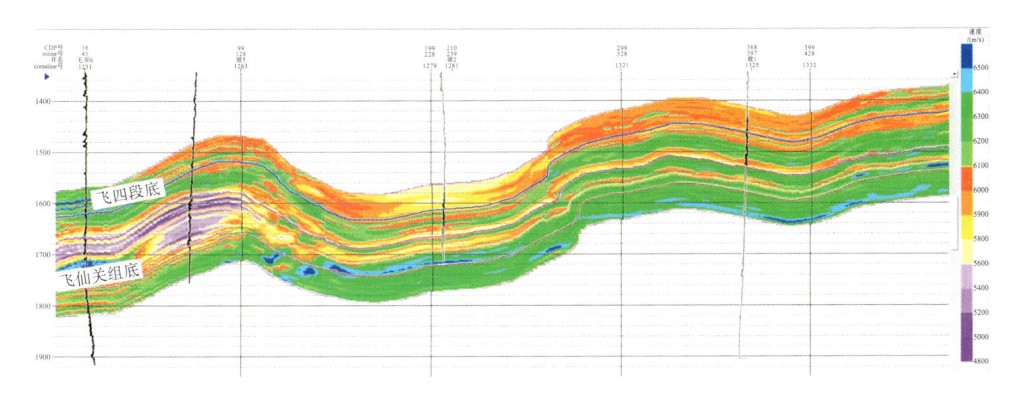

图 2-8　双石 1 井—毛坝 2 井—毛坝 3 井—毛坝 4 井—毛坝 6 井—坡 5 井—坡 2 井—坡 1 井—坡 4 井—坡 3 井沉积相剖面图

图 2-9　毛坝 6 井—坡 5 井—坡 2 井—坡 1 井连井线速度反演剖面

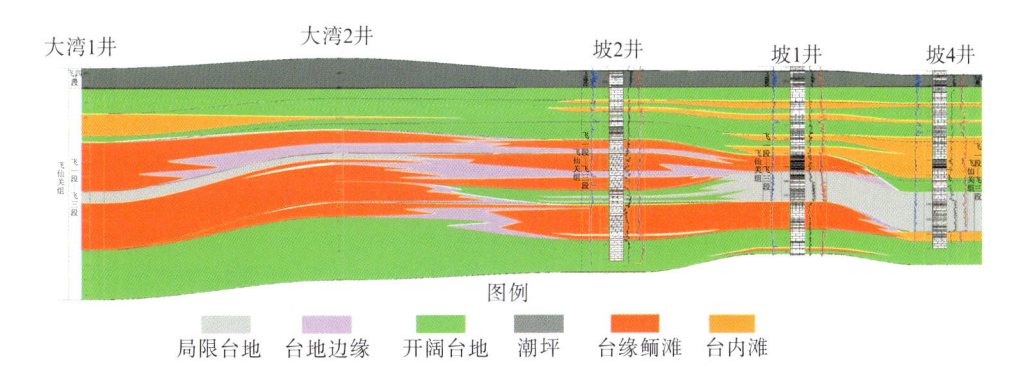

图 2-10　大湾 1 井—大湾 2 井—坡 2 井—坡 1 井—坡 4 井沉积相剖面图

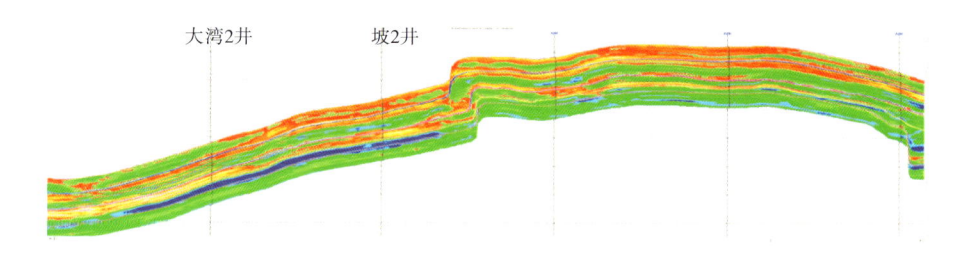

图 2-11 大湾 2 井—坡 2 井(T1350)线速度反演剖面

2.3.4 沉积相展布及演化特征

基于单井相划分、连井相对比基础上，利用邻区资料，结合区域地质资料和前人研究成果，对川东北地区飞仙关时期不同旋回沉积相带展布进行描绘(图 2-12～图 2-16)。

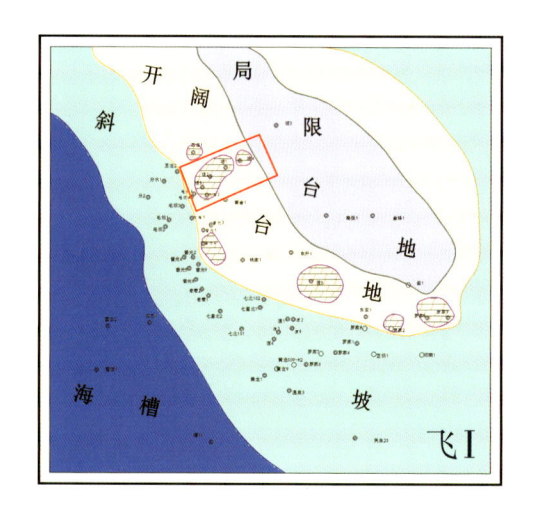

图 2-12 川东北地区飞Ⅰ旋回沉积相平面分布图 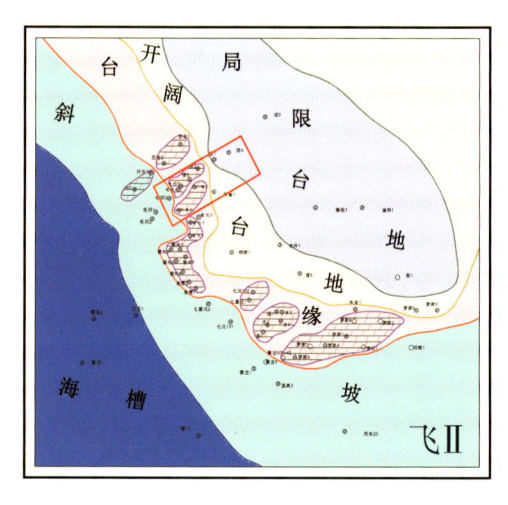　　图 2-13 川东北地区飞Ⅱ旋回沉积相平面分布图

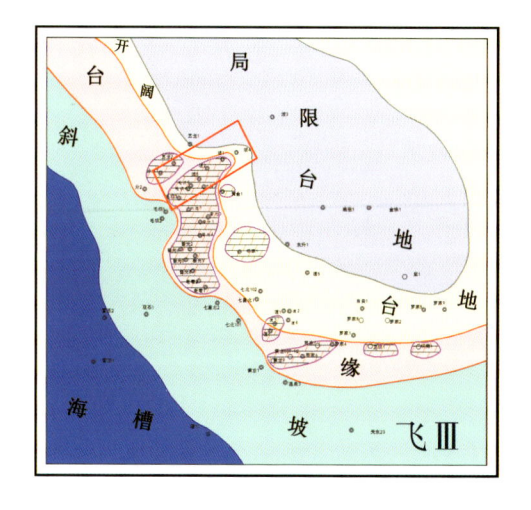

图 2-14 川东北地区飞Ⅲ旋回沉积相平面分布图 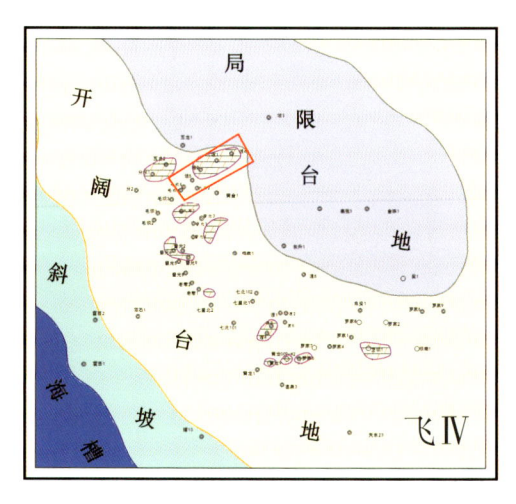　　图 2-15 川东北地区飞Ⅳ旋回沉积相平面分布图

图 2-16 川东北地区飞Ⅴ旋回沉积相平面分布图

受沉积环境变化控制，飞仙关期沉积相纵横向变化大，总体表现为台地相向西南方向不断扩大，海槽相相应退缩，因此，各个旋回鲕滩发育分布特征有明显差异，具体特征如下。

1. 飞Ⅰ旋回

飞Ⅰ旋回沉积早期由于台地刚刚形成，台地上各沉积相带的分异不明显，川东北地区古地貌较高，在铁山坡—高张坪—紫水坝一线有局部的滩体发育，发育时间短暂，沉积厚度较薄，分布面积小，该时期的鲕粒岩基本为石膏所胶结，岩性致密，未能形成良好的储集体；位于其后的坡3井—金珠1井—鹰1井一带为局限台地环境，鲕滩不发育；飞Ⅰ旋回沉积末期台地的发育已较为成熟，台缘鲕滩开始发育，主要发育在铁山坡—杨家坪—黄金口一线、罗家寨—滚子坪—正坝南一线，由于台缘鲕滩的障壁作用，其后的坡1、渡5、罗家5等井区为低能环境，以沉积大套泥晶灰岩、薄层泥晶白云岩及石膏与膏质白云岩组合为特征。聚焦到研究区，坡5井—坡2井区飞Ⅰ旋回沉积晚期鲕滩开始发育，分布范围有限，坡1井—坡4井区鲕滩不发育。

2. 飞Ⅱ旋回

飞Ⅱ旋回沉积时期以发育巨厚的鲕滩沉积为特征，台缘鲕粒主要发育在铁山坡南—黄龙场—七里北以西，为形成气藏提供了最基础的储集环境。由于台缘鲕滩的遮挡，其后的坡4、坡3、渡5、金珠1等井区主要为局限台地环境，是一受护的相对低能的环境，以沉积大套泥晶灰岩、薄层泥晶白云岩及石膏与膏质白云岩组合为特征。聚焦到研究区内，飞Ⅱ旋回沉积时期滩体在铁山坡南部持续发育，往北逐渐减薄消失。

3. 飞Ⅲ旋回

在沉积环境总体变浅的背景下，相对海平面继续下降，鲕滩主要发育在坡 5 井—坡 2 井—渡 4 井—罗家 6 井一线，厚度明显减薄，其后的广大地区仍然为受限的低能环境，以潟湖或潮坪相的泥晶白云岩及膏岩类沉积为主。聚焦到研究区内，受古地貌与沉积环境控制，滩体广泛分布，厚度减薄，从坡 5 井到坡 4 井均有滩体分布，由台缘鲕滩演变为台内鲕滩。

4. 飞Ⅳ旋回

区域相对海平面继续下降，沉积环境继续变浅，海槽已退至广元—旺苍以北，大部分地区已完全台地化，整体转变为开阔台地的沉积环境，台内鲕滩零星分布。研究区内台内鲕滩主要发育在坡 1 井—坡 4 井区。

5. 飞Ⅴ旋回

飞Ⅴ旋回沉积早期区域相对海平面上升，继续以发育开阔台地为特征，鲕滩分布减少，到中后期的时候，相对海平面快速下降，沉积环境已完全均一化，为一套广阔的潮坪沉积，发育了灰泥岩、泥岩、泥晶白云岩、膏质白云岩及石膏等。研究区内飞Ⅴ旋回沉积晚期基本无鲕滩发育。

2.4　储层特征

2.4.1　储集岩性特征

铁山坡飞仙关组储集岩主要为溶孔粉晶白云岩、残余砂(砾)屑粉晶白云岩、残余鲕粒粉晶白云岩、泥-粉晶角砾白云岩为主，如图 2-17 所示。

(a) 坡2井，粉-细晶白云岩，粒间溶孔发育　　(b) 坡1井，粉-细晶白云岩，粒间溶孔发育

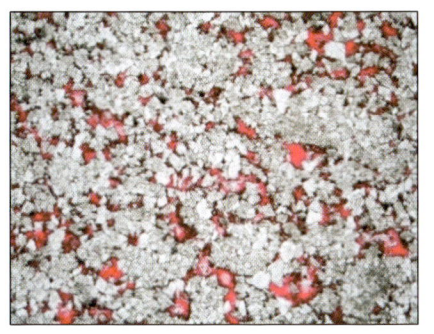

(c) 大湾2井，粉晶白云岩，晶间溶孔发育　　(d) 毛坝4井，溶孔粉-细晶鲕粒白云岩，粒间孔发育

图 2-17　铁山坡气田飞仙关组储集岩薄片照片

台缘带前缘的坡 5 井、坡 2 井储集岩以白云岩为主，台缘带内侧的坡 1 井、坡 4 井区发育上、下两段储层，上储层储集岩为残余砂(砾)屑粉晶(含灰质)白云岩、砂(砾)屑粉晶(含灰质)白云岩、粉晶(含灰质)白云岩、溶孔粉晶(含灰质)白云岩，夹粉晶角砾灰质白云岩；下储层以残余鲕粒粉晶(含)灰质白云岩、粒间(内)溶孔粉晶残余鲕粒(含灰质)白云岩、粉晶残余鲕粒白云岩为主。

2.4.2　储层物性特征

铁山坡气田飞仙关组储层物性具有中孔、低-中渗特征，由北向南物性逐渐变好。岩心孔隙度在 2.00%~21.76%，平均孔隙度为 6.44%；岩心单井平均渗透率为 1.11~11.6mD[①]，总平均渗透率为 8.66mD。测井解释储层孔隙度分布范围为 2.00%~28.96%，平均孔隙度为 8.89%。

研究区飞仙关组取心井共 3 口，分别为坡 1 井、坡 2 井、坡 4 井，坡 5 井区没有取心井，岩心物性分析认识仅代表研究区部分井区储层特征。

1) 孔隙度

根据岩心储层孔隙度分析资料，储层孔隙度值分布范围较大 [表 2-4，图 2-18(a)]，最大值为 21.76%，最小值为 2.00%，平均孔隙度为 6.44%。储层孔隙度小于 6.00% 的岩心样品占 41.86%，孔隙度在 6.00%~<12.00% 的样品占 46.52%，孔隙度大于等于 12.00% 的岩心样品占 11.62%。

表 2-4　铁山坡气田飞仙关组气藏储层岩心孔隙度分布统计表

井号	孔隙度/%		
	最大值	最小值	平均值
坡 1 井	16.96	2.00	6.42
坡 2 井	21.76	2.00	7.88
坡 4 井	9.81	2.00	5.01
合计	21.76	2.00	6.44

---

① $1\mathrm{mD} = 0.986923 \times 10^{-15} \mathrm{m}^2$。

(a) 岩心孔隙度

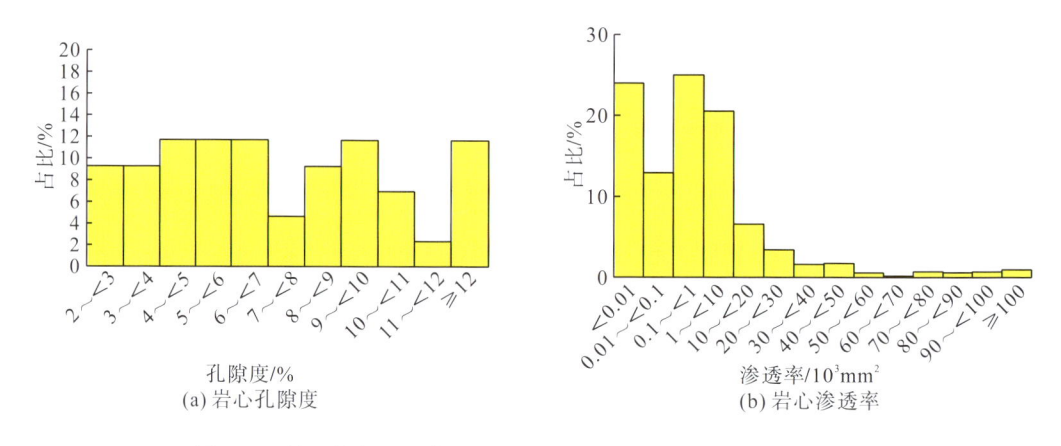

(b) 岩心渗透率

图 2-18　铁山坡气田飞仙关组储层岩心孔隙度、渗透率分布直方图

单井统计结果表明，坡 2 井岩心分析储层孔隙度最大值为 21.76%、最小值为 2.00%、平均值为 7.88%；坡 1 井岩心分析储层孔隙度最大值为 16.96%、最小值为 2.00%，平均值为 6.42%；坡 4 井岩心分析储层孔隙度最大值为 9.81%，最小值为 2.00%，平均值为 5.01%。单井岩心分析储层孔隙度坡 2 井最高，坡 1 井、坡 4 次之。

2）渗透率

根据岩心储层渗透率分析资料［表 2-5，图 2-18(b)］，储层渗透率最大值 169.000mD，最小值 0.001mD，平均 8.66mD。储层岩心渗透率主要分布在 0.01～<10mD，其中渗透率在 0.01～<0.1mD 的样品占 21.94%，0.1～<1mD 的样品占 33.62%，1～<10mD 的样品占 25.64%，大于等于 10mD 的样品仅占 18.80%。

单井统计结果表明，坡 2 井储层岩心分析渗透率高频段在 0.1～<100mD，占总样品数的 82.00%；坡 4 井储层岩心分析渗透率高频段在 0.01～<1mD，占总样品数的 72.41%；坡 1 井储层岩心分析渗透率高频段在 0.01～<1mD，占总样品数的 78.20%。因此，储层岩心渗透率特征与孔隙度基本一致，坡 2 井最好，坡 1、坡 4 井次之。

表 2-5　铁山坡气田飞仙关组气藏储层岩心渗透率统计表

井号	渗透率/mD			不同渗透率(mD)区间占比统计/%				
	最大值	最小值	平均值	0.01～<0.1	0.1～<1	1～<10	10～<100	≥100
坡 1 井	19.700	0.023	1.23	38.46	39.74	19.23	2.56	0
坡 2 井	169.000	0.022	11.6	16.40	31.20	26.80	24.00	1.60
坡 4 井	9.820	0.001	1.11	41.38	31.03	27.59		
合计	169.000	0.001	8.66	21.94	33.62	25.64	17.66	1.14

3）含水饱和度

根据岩心储层含水饱和度分析资料，储层含水饱和度变化区间较宽，样品最大值达 86.04%，最小的仅 0.09%，平均为 22.96%。从频率分布来看，储层含水饱和度主要区间在 30% 以下，占样品总数的 71.16%，如图 2-19 所示。

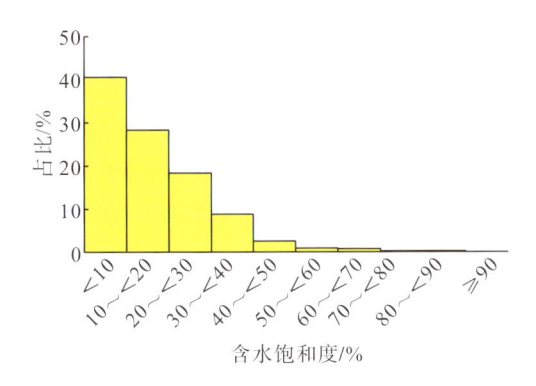

图 2-19 铁山坡气田飞仙关组气藏岩心含水饱和度分布直方图

2.4.3 储集空间特征

如图 2-20 所示,铁山坡气田飞仙关组储层储集空间以各种孔隙为主,孔隙以粒间(内)溶孔、晶间溶孔为主,其次为铸模孔、砾间(内)溶孔、体腔孔。粒间孔分布于砂屑、虫屑、鲕粒等颗粒之间的原生孔隙,多被充填;粒间溶孔为溶蚀扩大而形成;晶间溶孔为晶间孔被溶蚀扩大而形成;砾内溶孔多数为粒屑角砾内的粒间(内)孔隙,砾间溶孔多数沿干裂角砾缝间溶蚀形成。

(a) 晶间孔、晶间溶孔发育,白云石菱形晶

(b) 溶孔粉晶白云岩的白云石中发育晶间溶孔

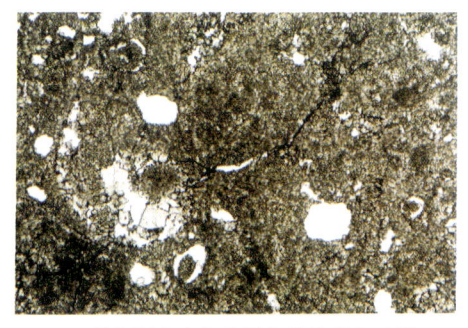

(c) 砾内溶孔残余砂屑角砾粉晶白云岩

(d) 粒间溶孔、粒内溶孔及晚期去白云石化、膏化

(e) 残余鲕粒白云岩，晶间孔发育　　　　　　(f) 粉晶白云岩，晶间溶孔

图 2-20　铁山坡气田飞仙关组孔隙类型薄片照片

2.4.4　裂缝、溶洞发育特征

储层溶洞、裂缝较发育，以有效小平缝为主，井间发育程度有差异，构造高部位裂缝相对发育，储层溶洞、裂缝发育程度呈互补特征。

1. 裂缝发育特征

1) 岩心裂缝特征

根据 3 口取心井岩心描述（表 2-6），储层裂缝以压溶缝、溶蚀缝及构造缝为主，而有效缝主要为张开的构造小平缝、小斜缝和溶蚀缝，部分裂缝彼此相交，相互连通，构成良好的渗流通道。从有效缝的统计数据分析，位于气藏北端的坡 4 井裂缝最发育，裂缝总数为 391 条，缝密度为 13.11 条/m，其中有效缝 231 条，缝密度 7.74 条/m；坡 2 井裂缝发育情况相对较差，裂缝总数为 479 条，缝密度为 3.92 条/m，其中有效缝 415 条，缝密度 3.40 条/m。坡 1 井裂缝发育程度介于坡 4 井和坡 2 井之间，裂缝总数为 576 条，缝密度为 8.03 条/m，其中有效缝 387 条，缝密度 5.39 条/m。

岩心描述资料反映气藏储层裂缝较发育，平均有效缝密度 4.62 条/m，井间差异较大，构造高部位裂缝相对发育，与邻区相比，较大湾储层裂缝发育。

表 2-6　铁山坡气田与邻区飞仙关组气藏各井裂缝、溶洞统计表

井号	构造位置	溶洞 数量/个	溶洞 密度/(个/m)	总缝 数量/条	总缝 密度/(条/m)	有效缝 数量/条	有效缝 密度/(条/m)	充填缝 数量/条	充填缝 密度/(条/m)	资料来源
坡 5	高点	—	—	—	—	—	3.5	—	—	FMI
坡 2	鞍部	1110	9.08	479	3.92	415	3.40	64	0.52	岩心
坡 1	高点	183	2.55	576	8.03	387	5.39	189	2.63	
坡 4	高点	112	3.75	391	13.11	231	7.74	160	5.36	
小计/平均	—	1405	6.28	1446	6.46	1033	4.62	413	1.85	
大湾 1	单斜	—	—	51	0.65	9	0.11	42	0.53	FMI
大湾 2	高点	—	—	—	—	—	2.9	—	—	岩心

注：FMI 指地层微电阻率扫描成像（formation microscanner image）。

2) FMI 测井裂缝特征

根据 FMI 测井资料分析，研究区储层裂缝在局部较发育，坡 1 井、坡 2 井、坡 5 井 FMI 显示储层在部分井段发育溶蚀缝；DSI(dipole shear sonic image，偶极横波声波成像)结果显示纵、横波能量衰减较明显，斯通莱波(Stoneley wave)变密度图上干涉条纹少(主要受泥饼影响)，但斯通莱波反射强度上行、下行均有衰减，分析认为该储层段裂缝较发育，但以微细裂缝为主，斯通莱波渗透率图上显示流体移动指数较大，反映储层段孔、洞、缝有效。根据坡 1 井两次不同时间测井(时间相距 101d)的深、浅双侧向电阻率曲线对比分析：第二次测井深、浅双侧向电阻率值较第一次均有不同程度降低，表明随时间推移，泥浆浸入加深，一方面反映储层的渗透性较好，另一方面也说明储层可能存在裂缝。

FMI 测井定量统计(表 2-7)显示，研究区裂缝以低角度缝发育为主，坡 5 井区 3723~4036m 井段，共解释有效缝 39 条，其中 37 条为低角度缝；坡 2 井区几乎不发育高角度缝，均为低角度缝。

表 2-7　研究区 FMI 测井有效裂缝特征统计表

井号	高角度缝/条	低角度缝/条	有效缝/条
坡 5 井	2	37	39
坡 2 井	0	27	27

2. 溶洞发育特征

根据岩心统计分析，储层平均洞密度 6.28 个/m。坡 2 井溶孔、溶洞分布不均，局部富集呈"炭碴"状、"蜂窝"状，统计溶洞共 1110 个，平均每米 9.08 个，局部井段洞密度可达 171 个/m，洞径一般为 2~5mm，个别为 12mm，形状以椭圆形为主，部分为不规则多边形。主要发育在粉晶白云岩、残余砂(砾)屑粉晶云岩中，多属于孔隙性溶蚀洞；坡 1 井 FMI 测井显示，井段 3400~3460m 见许多黑色的斑点和斑块，且深、浅双侧向电阻率呈大幅度正差异，说明储层溶蚀孔洞发育(图 2-21)；坡 4 井 FMI 测井具同样特征。

综合分析认为，铁山坡气田飞仙关组储层溶孔、溶洞发育，储集能力强。

2.4.5　储集类型

根据研究区储层孔隙、缝洞及渗透率特征(图 2-21、图 2-22)，储层平均洞密度 6.28 个/m，岩心平均孔隙度为 6.44%。因此，气藏的储集空间主要为孔隙，溶洞进一步改善了储层的储集性能，气藏虽有裂缝发育，但有效缝密度仅 4.62 条/m，且多为构造小平缝、小斜缝，不是主要的储集空间。

储层岩心渗透率测试结果与试井解释结果相近。坡 4 井岩心分析储层渗透率为 1.11mD，试井解释储层渗透率为 1.48mD；坡 1 井岩心分析储层渗透率为 1.23mD，试井解释储层近井区渗透率为 0.65mD；坡 2 井岩心分析储层渗透率为 11.6mD，试井解释储层渗透率为 4.48mD。岩心孔、渗关系分析，储层孔隙度与渗透率线性关系非常良好(图 2-22)，表明孔喉直接决定渗透率的大小，流体渗流的主要通道为孔隙喉道，但仍然出现一些低孔高渗样品，说明裂缝能够有效改善储层渗透性能；试井曲线主要表现出视均质特征，双重介质特征不明显，说明孔、洞、缝搭配较好。

综上所述，铁山坡气田飞仙关组气藏储层类型为裂缝-孔隙型储层。

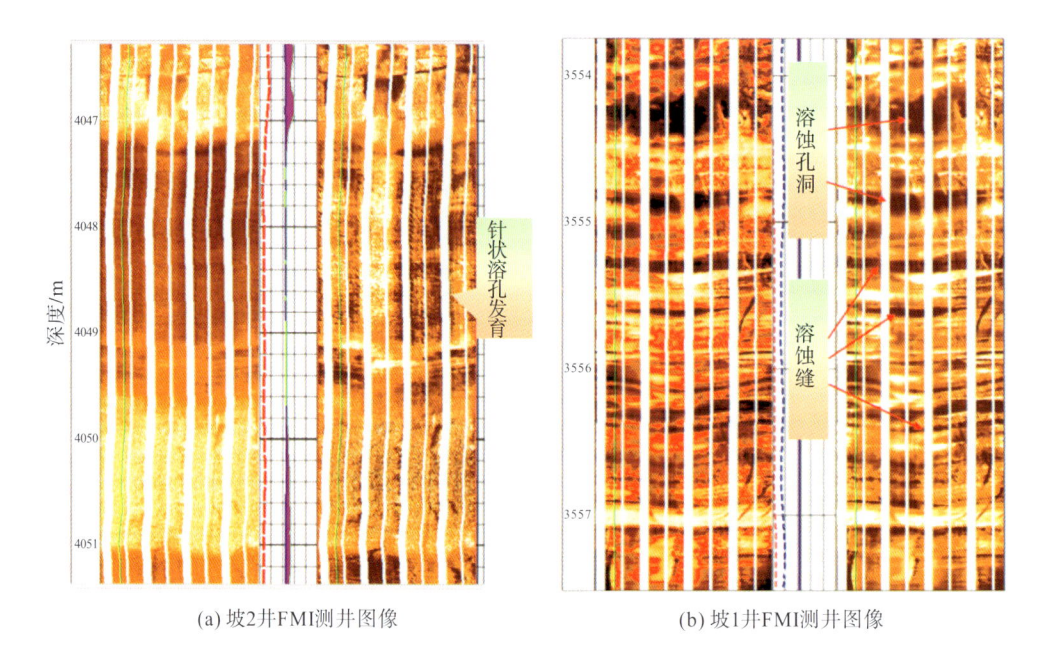

(a) 坡2井FMI测井图像

(b) 坡1井FMI测井图像

图 2-21　铁山坡气田飞仙关组 FMI 测井储层溶蚀孔洞发育特征图

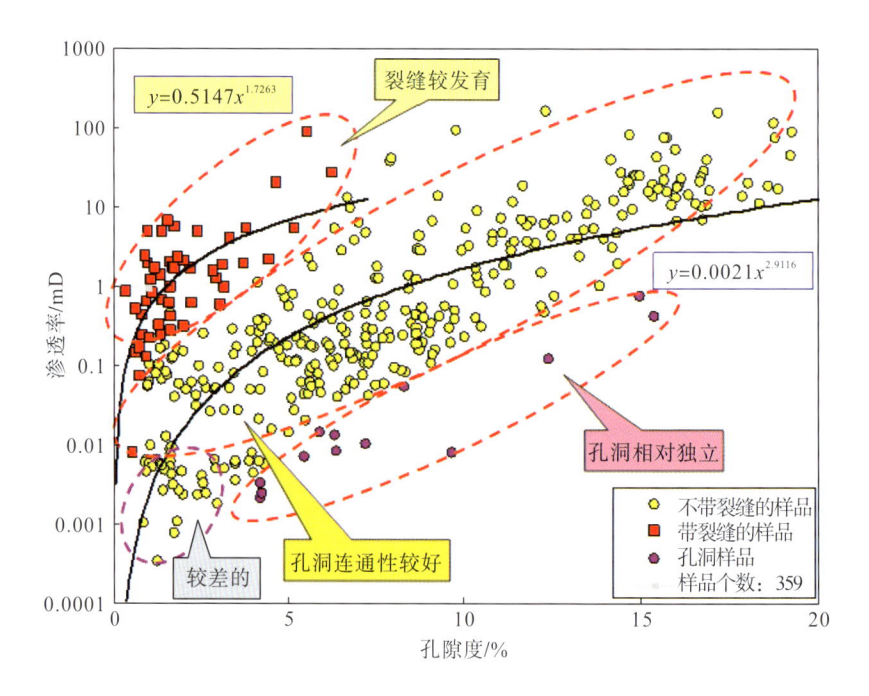

图 2-22　铁山坡气田飞仙关组气藏岩心孔隙度与渗透率关系图

2.5 气藏温度、压力与流体性质

根据气藏圈闭类型,铁山坡气田飞仙关组气藏西北翼与北东方向由坡②号断层构成遮挡,东南翼由坡①号断层构成遮挡,西南端为断层与构造线组合圈闭,但已延伸出矿权边界线外。因此,坡 1 井区为断层圈闭、坡 2 井区为岩性-构造圈闭气藏、坡 5 井区为断层圈闭气藏。依据地层压力、温度和流体性质分类,铁山坡气田飞仙关组气藏为常温、高压-常压、高含硫、中含二氧化碳气藏。依据流体分布特征,铁山坡气田飞仙关组气藏为局部存在不活跃封存水的弹性气驱气藏。

2.5.1 气藏压力

铁山坡气田飞仙关组气藏为常温、高压-常压气藏,地层压力 48.38～49.69MPa,压力系数 1.28～1.49,与相邻的毛坝、大湾气藏对比,压力特征基本一致(表 2-8)。

表 2-8 铁山坡与邻区飞仙关组气藏压力统计表

井号		测点海拔/m	实测压力/MPa	产层中部海拔/m	产层中部压力/MPa	压力系数
坡 5 井		-3212.11	49.014	-3300.00	49.28	1.34
坡 2 井		-3294.78	49.235	-3416.19	49.69	1.28
坡 1 井	上储层	-2998.11	48.600	-2998.11	48.60	1.45
	下储层	-3052.46	47.860	-3109.06	48.42	1.41
坡 4 井	上储层	-2922.23	48.389	-2922.23	48.38	1.49
	下储层	-3060.13	48.598	-3069.70	48.71	1.44
毛坝 4 井		-3382.54	49.84	—	—	1.29
大湾 2 井		-4102.63	51.58	—	—	1.08

2.5.2 气藏温度系统

对研究区坡 1 井、坡 2 井、坡 4 井三口井开展了井温测量,共获取 14 个点的静止温度。各单井实测地层温度为 354.29～362.34K,其中坡 2 井 MDT(modular formation dynamics tester,模块式地层动态测井仪)测试点海拔为 3421.16m 时得到的实测地层温度为 362.34K,而坡 1 井-2998.11m 实测地层温度为 355.53K,坡 4 井-2922.23m 实测地层温度为 354.29K。利用实测地层温度,得到回归方程为

$$T = 273 + 33.65 - 0.0163H \tag{2-1}$$

式中,T 为地层温度,K;H 为海拔高程,m;相关系数 $R=0.96$。

研究区单井实测温度折算至气藏海拔中部,坡 5 井、坡 2 井区气藏地层温度为 360.90K(87.75℃);坡 1 井区气藏中部海拔-3230m 地层温度为 359.3K(86.15℃),属常温气藏。

2.5.3 流体性质

1. 天然气性质

铁山坡气田飞仙关组气藏属高含硫化氢、中含二氧化碳的气藏。

天然气组分分析表明(表2-9)，铁山坡飞仙关组气藏各井间气组分没有明显差异，天然气以甲烷为主，甲烷含量为75.44%～91.75%，平均含量为82.33%；硫化氢含量为1.73%～15.54%(24.68～222.30g/m³)，平均含量为10.56%，为高含硫化氢；二氧化碳含量为2.56%～8.89%(50.29～174.65g/m³)，平均含量为5.54%，为中含二氧化碳；微含乙烷、丙烷、氢和氮。

表2-9 铁山坡气田飞仙关组气藏天然气性质分析统计

井号	甲烷/%	乙烷/%	丙烷/%	硫化氢 含量/%	硫化氢 含量/(g/m³)	二氧化碳 含量/%	二氧化碳 含量/(g/m³)	天然气密度/(g/cm³)
坡1	80.97	0.07	0.00	10.92	156.17	7.01	137.73	0.69
坡2	91.75	0.05	0.03	1.73	24.68	3.79	74.46	0.61
坡4	85.92	0.04	0.00	10.39	148.65	2.56	50.29	0.64
坡5	77.55	0.06	0.00	14.24	203.70	5.43	106.68	0.69
坡5-X1	75.44	0.03	0.01	15.54	222.30	8.89	174.65	0.78

注：氢和氮含量较少，表中并未给出相关数据。

2. 地层水性质

研究区测试产水井1口(坡1井下储层段)，MDT取得水样井1口(坡4井下储层段)。其中，坡1井下储层段水样分析结果为pH为8.0，K^++Na^+含量为9196mg/L，Cl^-含量为10553mg/L，H_2S含量为3411mg/L，总矿化度为28.95g/L，地层水型为Na_2SO_4。坡4井下储层段水样分析结果为pH为9.5，K^++Na^+含量为17480mg/L，Cl^-含量为18127mg/L，H_2S含量为2474mg/L，总矿化度为50.70g/L，水型为$NaHCO_3$(表2-10)。地层水均为测试期间取样，受工作液影响，水型存在不确定性，应在开发后持续监测。

表2-10 铁山坡气田飞仙关组气藏产液性质分析统计

井号	阳离子 K^++Na^+	阳离子 Ca^{2+}	阳离子 Mg^{2+}	阴离子 Cl^-	阴离子 SO_4^{2-}	阴离子 HCO_3^-	H_2S	总矿化度/(mg/L)	水型	pH	水密度/(g/cm³)
坡1	9196	870	185	10553	6178	1964	3411	28.95	Na_2SO_4	8.0	1.02
坡4	17480	580	55	18127	10186	4271	2474	50.70	$NaHCO_3$	9.5	1.06

第 3 章　川东北地区飞仙关组鲕滩气藏渗流特征

气体组分中硫化氢(H_2S)含量介于2%～10%的天然气藏称为高含硫气藏,高含硫气藏酸性天然气中溶解有一定量的单质硫[38]。单质硫在酸性气体中的溶解度随温度、压力的降低而降低,当达到临界条件时,硫元素将以单质形式析出并随着气体流动[39]。析出的单质硫在储层孔隙、喉道中沉积并堵塞气体渗流通道,导致气藏物性参数(如孔隙度、渗透率等)发生改变,这些物性参数的变化反过来又影响气体的渗流特征[40]。高含硫气藏开发过程中气体在地层中的流动涉及复杂的相态变化特征,因此本章首先通过实验介绍了单质硫在酸性气体中的赋存状态、沉积机理和储层伤害特征,然后介绍了含硫气藏渗流数学模型,分析了硫沉积影响下的渗流特征。

3.1　高含硫气藏硫沉积实验

3.1.1　地层硫沉积机理

现有实验研究表明,H_2S气体内单质硫的溶解度最高,绝大部分单质硫在储层高温高压环境下与 H_2S 发生物理或化学溶解形成多硫化合物,不同溶解方式下多硫化合物的结构式如图 3-1 所示[41]。单质硫在酸性气体中溶解度的主要影响因素为压力、温度和气体组分。随着气体温度和压力降低,单质硫的溶解度也不断降低,达到临界状态时,随着温度、压力继续降低,硫元素将以单质形式析出。

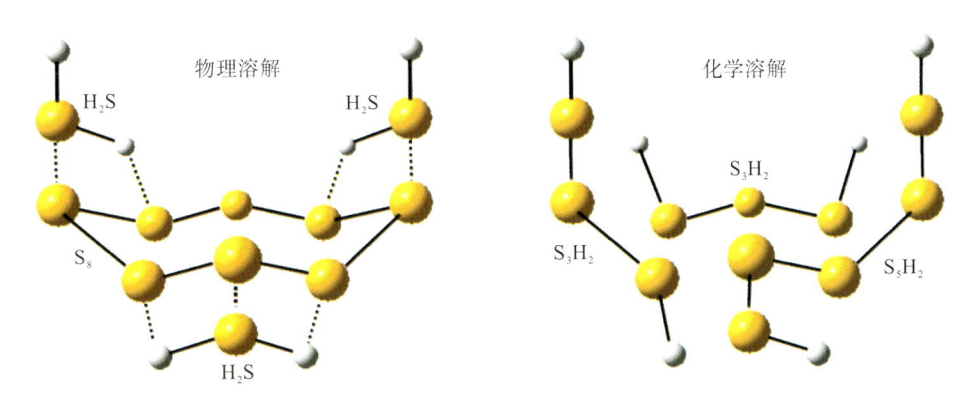

图 3-1　不同溶解方式下多硫化合物的结构式

从酸性气体中析出的单质硫其赋存状态与温度和压力有关，在气藏压力条件下主要受到温度的制约。如硫元素相变图(图 3-2)所示，当储层温度低于 115.21℃时，地层内硫元素以固态形式存在，当温度为 115.21～444.6℃时，硫元素以液态形式存在；当温度超过 444.6℃时，硫元素以气态形式存在[42]。由于大部分气藏温度都难以达到 444.6℃，所以实际中气体析出的硫元素主要以固态或者液态形式存在。固态单质硫，是一种淡黄色晶体，原子量为 32.066，无味，无臭，低毒，密度比水大，将其加入水中会形成白色悬浊液，微溶于乙醇，溶于甲苯，易溶于二硫化碳(CS_2)。

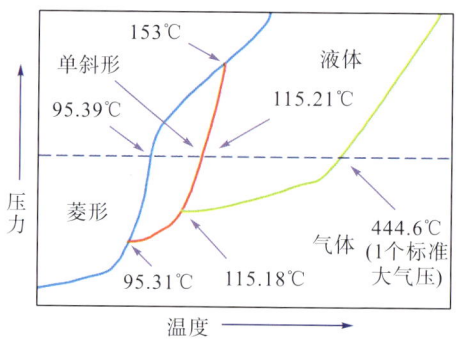

图 3-2 硫元素相变图

与常规天然气相比，高含硫气体除含有烃类、CO_2、N_2 等组分外，还含有大量的 H_2S 和硫元素，因此高含硫气体的相态变化更加复杂。实验测得饱和溶解硫元素的高含硫气体压力-温度(P-T)相图(图 3-3)存在"一点、四线、四区"特征。"一点"指固态硫、液态 H_2S、液态硫和气态共存状态(Q)；"四线"指固液平衡线(SL_1L_2)、H_2S 的气液固平衡线(SL_1G)、硫元素的气液固平衡线(SL_2G)、气液平衡线(L_1L_2G)；"四区"指液固两态共存区(SL_1)、液态区(L_1L_2)、气液两态共存区(L_2G)、气固两态共存区(SG)。

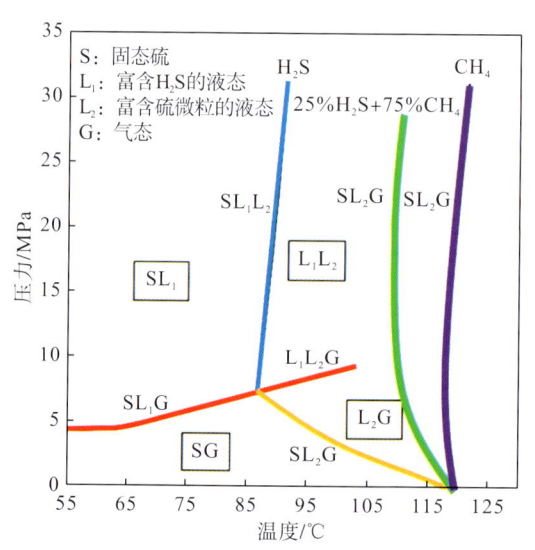

图 3-3 饱和溶解硫元素的高含硫气体相图[43]

川东北地区飞仙关组鲕滩气藏储层深为 3200~4000m，地层压力为 40~43MPa，H_2S 含量为 3%~13.5%，地层温度为 93.52℃，根据硫元素溶解相图可以得出研究区储层流体主要为富含 H_2S 的液态和富含硫微粒的液态，硫沉积主要为固态硫的物理沉积。

硫元素析出后主要以液态和固态的形式赋存于地层中。液态硫在地层孔隙中会随着气流流动，对地层造成的伤害较小，固态硫在地层中的沉积则会对地层造成伤害。当析出的硫元素为固态，且固态硫颗粒的直径足够小时，固态硫颗粒能够在渗流空间中运移，并在岩心孔喉处被捕集沉降下来。目前认为固态颗粒在渗流通道中被捕集或形成堵塞有三种主要机理：沉降、捕获和桥堵[44]。

(1) 沉降。在重力和静电引力作用下，固态颗粒沉积到岩石孔隙表面而被捕集，如图 3-4 所示。在存在动力场的情况下，一般只有在流体能量很低或沉积颗粒本身质量较大的情形才会出现沉降。

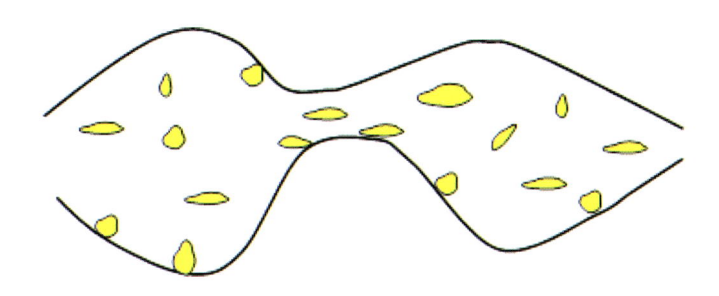

图 3-4　固态硫在孔喉中沉降示意图[44]

(2) 捕获。在流动通道表面粗糙且流体对固态颗粒具有足够大的能量作用时，固态颗粒在获得能量后将随流体向压降方向运动，其运动往往受流动边界的干扰而杂乱无章。因此固态颗粒经常与通道壁面发生碰撞，致使颗粒自身动能不断地被消耗而被岩石喉道捕获，如图 3-5 所示。

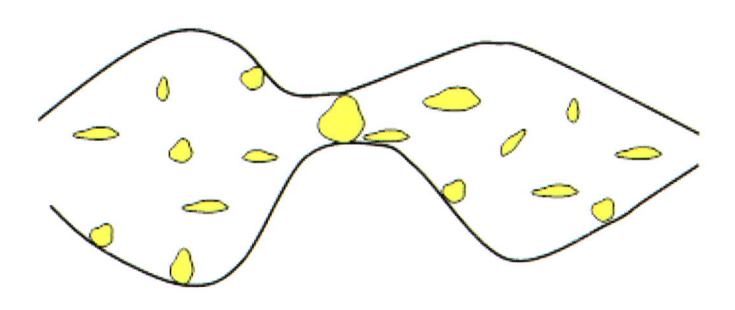

图 3-5　固态硫被喉道捕获示意图[44]

(3) 桥堵。通常也叫卡塞，是单个或多个固态颗粒运移到地层孔喉处时，沿渗流通道的垂面黏合在孔喉壁面使渗流通道被堵塞的现象，如图 3-6 所示。

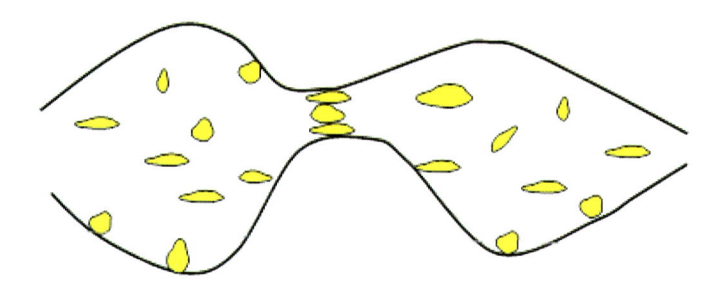

图 3-6　固态硫桥堵喉道示意图[44]

3.1.2　岩心硫沉积实验

目前主要采用数值模拟和室内实验两种技术手段研究硫元素的析出与沉降规律。相对于数值模拟技术，高含硫气藏岩心硫沉积实验是研究地层硫沉积特征最为准确的手段。目前国内外相关学者主要通过硫沉积实验分析硫元素在孔隙中的沉积形式和沉积规律以及硫沉积对储层岩石的伤害等。由于高含硫气体具有剧毒性和腐蚀性，因此开展地层硫沉积模拟实验时主要面临的问题为安全风险问题。岩心硫沉积实验方法如下：在确定整个实验系统无泄漏情况后，利用双缸计量泵控制配样器中高含硫气体的压力，并利用恒温箱保证整个实验过程中的温度恒定不变。整个实验过程在高含硫气体进入岩心之前不需要减压，直接将配样器内的高含硫气体通过岩心，采用回压控制系统控制实验压差和气体流量，进行岩心衰竭实验，测试岩心在高含硫气体衰竭开采前后的渗透率。

根据岩心硫沉积实验测定方法，在取得 A 井井口样后与实验前获得的岩心质量和渗透率进行对比，对比结果如图 3-7 所示。

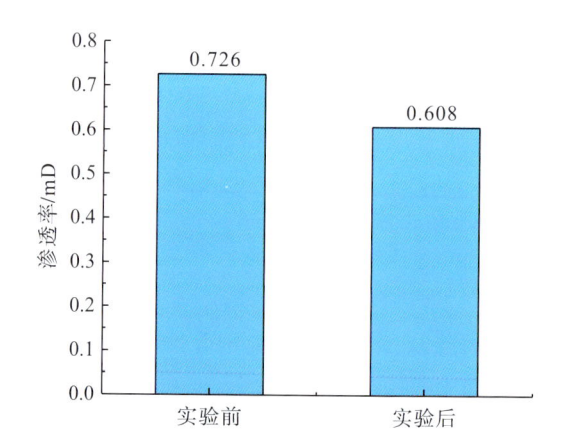

图 3-7　岩心硫沉积实验前后岩心渗透率对比[45]

在实验后，岩心质量由 48.372g 增加到 48.3859g，而岩心渗透率从实验前的 0.726mD 降低到 0.608mD，实验前后岩心内部硫沉积发生了变化，可见在实验过程中存在外来物质沉淀，引起岩心质量增加。实验前后孔隙度降低幅度为 0.8%，渗透率降低幅度为 16.25%，由此可见少量的固态硫沉积就引起了较为严重的岩心堵塞，降低了岩心渗透率。

为了准确确定高含硫气体通过岩心进行衰竭实验后岩心中的沉积物,对该岩样进行能谱和电镜扫描分析。由于 A 岩样经历了高含硫气体的衰竭过程,只能选取与 A 岩样物性相似的 B 岩样进行对比分析,见表 3-1。

表 3-1　岩心硫沉积实验前后能谱分析结果对比

岩样编号	元素	信号强度/(10^3cps/eV)	质量分数/%	原子百分比/%
A	O	31.98	58.53	74.26
	Mg	9.60	14.53	12.13
	S	0.80	0.90	0.57
	Ca	25.01	25.03	12.68
	Fe	0.81	1.01	0.36
	总量		100.00	
B	O	1.13	13.50	23.82
	S	21.55	86.50	76.18
	总量		100.00	

从表 3-1 的对比结果可知,氧元素的质量分数降低,而硫元素的质量分数升高,由 0.90%增长到 86.50%,因此通过能谱分析结果可知,引起岩心中沉积物是包含硫元素的固体物质,至于该物质是单质硫还是硫醇或硫醚等有机硫化物还需要进行更深入的研究。

为了研究包含硫元素的固体物质在岩心孔隙中的微观分布特征,对 25 号岩样进行了能谱图识别,其能谱图如图 3-8 所示。

图 3-8　岩心在高含硫衰竭实验后的能谱图[45]

鲕滩气藏储层岩石孔隙结构较为复杂,由于其具有基质孔喉细小、毛管压力较高以及渗透率较低等特点,在衰竭开发过程中伴随硫沉积现象,造成储层伤害情况,进而影响储层渗透率。本节介绍了高含硫气藏气-硫岩心驱替实验以及硫沉积对岩心渗流能力的伤害,通过核磁共振和扫描电镜能谱分析解释了硫元素的微观孔隙分布和储层伤害特征。

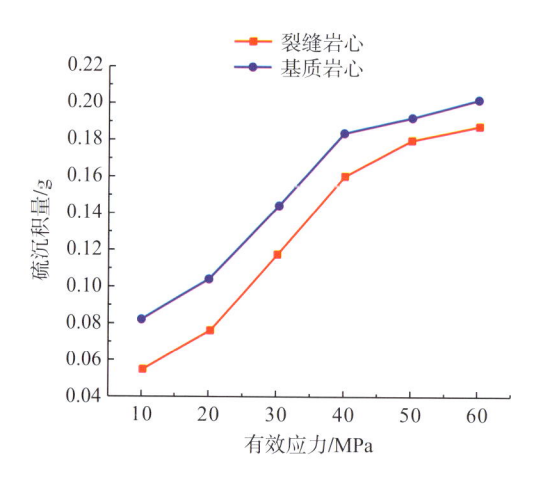

图 3-9 基质岩心与裂缝岩心的硫沉积量对比实验[46]

由图 3-9 可知，随着有效应力从 10MPa 增加到 60MPa，岩心的硫沉积量逐渐增多，这是由于岩心渗透率随着压力的增加而降低，岩心的物性变差，分离出来的硫更容易发生沉积和形成堵塞，在有效应力从 30MPa 增加到 40MPa 时，岩心的硫沉积量增加最多，硫沉积量增加率达到 29%，有效应力增加到 40MPa 以后岩心硫沉积的增加量慢慢减小。基质岩心内气体流动压力消耗更大，因此硫沉积量更大。

同理，利用核磁共振技术对实验前后岩样的孔隙度分布样态进行分析。图 3-10 和图 3-11 分别是 7 号裂缝岩心和 1 号基质岩心渗流实验前后孔隙度的对比图。

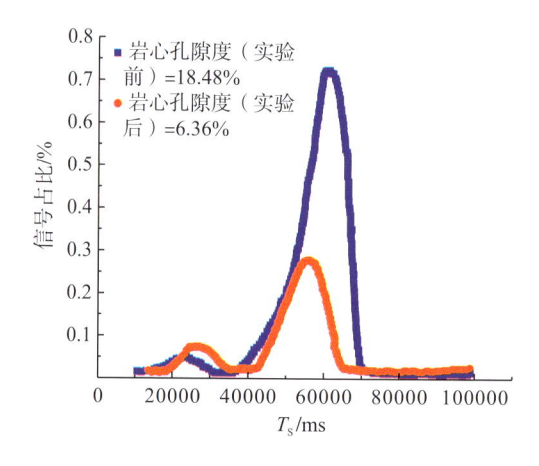

图 3-10　7 号裂缝岩心硫沉积前后孔隙度分布[46]

通过对比分析渗流实验前后的裂缝岩心孔隙度分布可以发现，实验硫沉积后，裂缝岩心的总孔隙度下降很明显。岩心中的较大孔隙硫沉积作用较严重，硫沉积量较多，而岩心中较小的孔隙受到硫沉积的影响较小，硫沉积量也相对小很多。

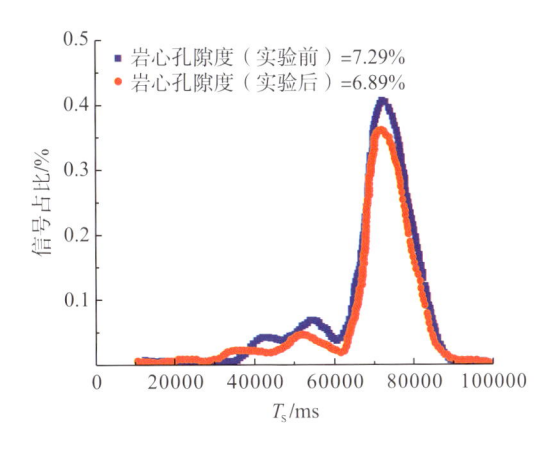

图 3-11　1 号基质岩心硫沉积前后孔隙度分布[46]

通过对比分析渗流实验前后基质岩心的总孔隙度分布发现，硫沉积实验后，基质岩心的总孔隙度下降不明显，只有微小的下降。从图 3-11 可以看出，与裂缝岩心不同的是，基质岩心中是较小孔隙受到硫沉积的作用比较明显，硫沉积量大，而较大的孔隙受到的影响较小。

3.1.3　高含硫气藏驱替渗流实验

目前，国内外关于高含硫气藏室内岩心渗流实验是向岩心中注入含硫粉或者液硫的气体，模拟不同温度、压力及注入条件下的岩心流动特征，利用室内耐高温高压的岩心驱替装置测试不同注入量或者液硫饱和度下的岩心渗透率。岩心驱替实验流程示意图如图 3-12 所示。

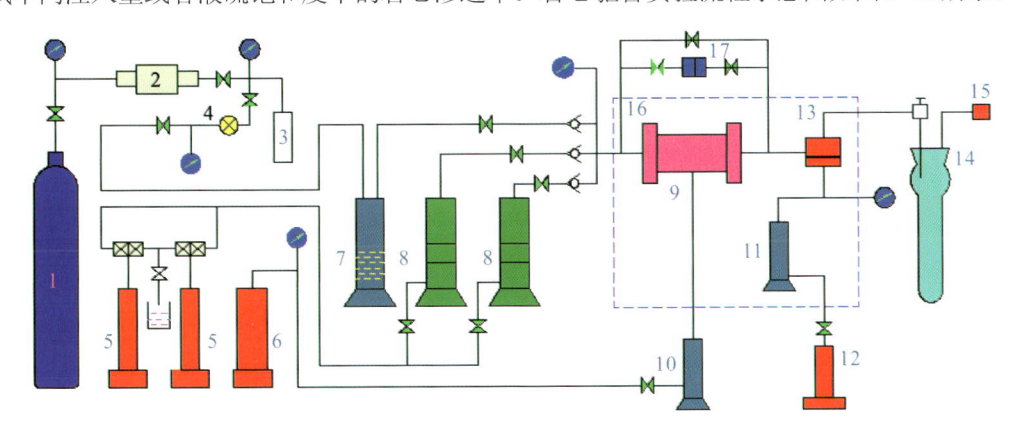

图 3-12　高含硫岩心驱替实验流程示意图

1—气瓶；2—气体增压泵；3—气体缓冲容器；4—气体调压阀；5—双缸恒速恒压泵；6—环压跟踪泵；7—气体加湿器；8—中间容器；9—岩心夹持器；10—环压容器；11—回压容器；12—自动回压泵；13—回压阀；14—气液分离器；15—气体流量计；16—恒温箱；17—差压传感器；●—压力传感器；◁—单流阀

实验前后，对岩心质量以及孔隙度进行检测，得到的实验数据见表 3-2。

表 3-2　实验前后岩心质量与孔隙度变化

项目	岩心编号	质量/g	孔隙度/%
实验前	X1	60.1536	7.08
	X2	63.2638	7.23
实验后	X1	60.2252	6.93
	X2	63.3179	7.12
变化量	X1	0.0716	−0.15
	X2	0.0541	−0.11

在实验过程中，得到相对渗透率(k/k_0)随注入量的变化规律曲线，如图 3-13 所示。

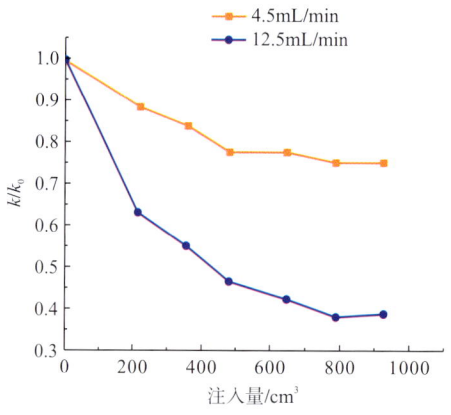

图 3-13　相对渗透率随注入量的变化[42]

从表 3-2 和图 3-13 可以看出，由于硫在岩心中的沉积导致 X1 号岩心质量从 60.1536g 增大到 60.2252g，增加量为 0.0716g，孔隙度从 7.08%减小到 6.93%，减小量为 0.15%，X2 号岩心质量从 63.2638g 增大到 63.3179g，增加量为 0.0541g，孔隙度从 7.23%减小到 7.12%，减小量为 0.11%；随着注入量的逐渐增加，相对渗透率逐渐下降，并且在开始阶段相对渗透率的下降速率要大于后面阶段。

气液两相硫驱替渗流实验研究结果如图 3-14 所示。气液两相硫驱替渗流实验与气水两相水驱替渗流实验结果类似，其影响都远小于固态硫。

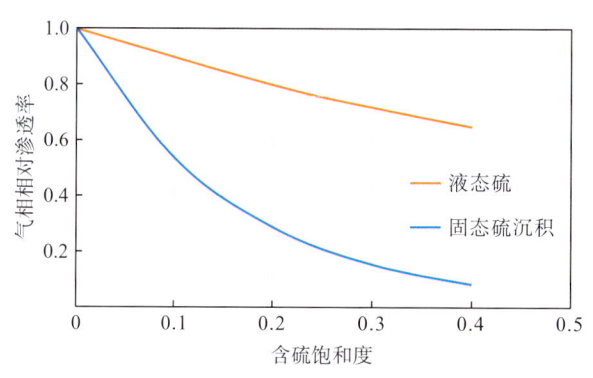

图 3-14　气液两相与气固两相硫驱替渗流实验的气相相对渗透率对比

3.2 高含硫气藏渗流数学模型

3.2.1 气流中硫微粒运移速度计算模型

忽略气流中硫微粒间的碰撞,假定在同一单元体中的硫微粒具有相同的速度。采用颗粒动力学方法来计算硫微粒在气流中的运移速度:

$$u_s = \sqrt{\frac{b}{a}}\left[\frac{1+e^{4t\sqrt{ab}}}{1-e^{4/\sqrt{ab}}} + 2\sqrt{\left(\frac{1+e^{4t\sqrt{ab}}}{1-e^{4/\sqrt{ab}}}\right)^2 - 1}\right] \tag{3-1}$$

其中,

$$a = \frac{\rho C_D \pi r_p^2}{2m_p}, \quad b = \frac{V_p}{m_p}\frac{\partial p}{\partial x} \tag{3-2}$$

式中,ρ 为气固混合物密度,kg/m³;C_D 为阻力系数;r_p 为微粒直径,m;V_p 为孔隙体积,m³;m_p 为微粒质量,kg;p 为流体压力,Pa。

3.2.2 硫微粒在酸性气体中的溶解度预测模型

硫微粒在酸性气体中的溶解度预测模型对模拟硫沉积对气藏生产动态的影响是十分重要的。对某一具体的气藏,利用实验方法确定硫微粒在酸性气体中的溶解度通常需要花费大量的时间,且实验的测试费用很高。因此,利用数学模型预测硫微粒在酸性气体中的溶解度就显得十分必要。例如,一些学者提出了基于热力学模型的状态方程来预测硫微粒在酸性气体中的溶解度,然而,这些状态方程需要大量的实验数据来提供建立模型所需要的参数。

通常采用 Chrastil[47]提出的用来预测固相物质在高压气体中的溶解度的经验公式来预测硫微粒在酸性气体中的溶解度。

$$c = \rho_g^4 \exp\left(-\frac{4666}{T} - 4.5711\right) \tag{3-3}$$

式中,c 为硫在气相中的溶解度,g/m³;ρ_g 为气体密度,kg/m³;T 为温度,K。

3.2.3 硫微粒沉降模型

高含硫裂缝型气藏在开采过程中,地层孔隙中析出的硫微粒不仅要随气流运移,同时由于颗粒密度和气相密度的差异,颗粒在气流中悬浮运移时,会存在一沉降速度,即当气流速度不足以使颗粒悬浮运移时,颗粒会沉降在孔隙表面,然而,准确地描述微粒在多孔介质中的沉降是极其复杂的。

本书采用下面的模型计算硫微粒在气相中的沉降速度：

$$u_{g,s} = \sqrt[3]{\frac{m_p D u_{m_g}}{\varphi(\lambda_g + \lambda_m m_p \varphi)}} \tag{3-4}$$

式中，m_p 为微粒质量，kg；D 为管道直径，m；u_{m_g} 为气固混合物速度，m/s；φ 为微粒形状系数；λ_g 为气体摩擦系数；λ_m 为固相颗粒间摩擦系数。

式(3-4)是从能量角度推导得到的颗粒悬浮临界气流速度计算公式。当气流速度达到或超过该速度值时，颗粒将悬浮在气流中，并能随气流在多孔介质孔隙喉道中运移；反之颗粒将沉降在孔隙喉道中。

3.2.4 硫微粒在多孔介质中的吸附模型

气体吸附和硫微粒在多孔介质中吸附是高含硫天然气在地层中流动时普遍存在的现象。气藏模拟中一般采用朗缪尔(Langmuir)等温吸附模型来描述气体在多孔介质中的吸附现象。而对于高含硫气藏，在开采过程中伴随地层压力的降低有硫微粒的析出现象，由于孔隙通道的迂曲性，悬浮的颗粒会与多孔介质孔隙表面发生碰撞接触，部分颗粒将被孔隙表面吸附，因而存在硫微粒在多孔介质表面的吸附问题。

本书采用 Ali 和 Islam 根据表面能剩余理论建立的吸附模型描述固态硫微粒在多孔介质表面的吸附，模型的数学表达式如下：

$$n'_s = \frac{m_s x_s S}{S x_s + \left(\dfrac{m_s}{m_g}\right) x_g} \tag{3-5}$$

式中，n'_s 为固态硫微粒的吸附量；m_s 为硫微粒在单位质量吸附层中的质量数；x_s 为连续相中固相占混合体系中固相的质量分数；m_g 为气相在单位质量吸附层中的质量数；x_g 为连续相中气相占混合体系中气相的质量分数；S 为选择性系数。

3.2.5 孔隙度降低模型

高含硫裂缝型气藏在开采过程中，随着气体的产出，地层压力不断降低，同时，由于焦耳-汤姆孙效应(Joule-Thomson effect)，近井地带温度亦有不同程度的降低。一方面热力学条件的改变致使硫微粒在气相中的溶解度逐渐减小，在达到临界饱和态后从气相中析出，并在储层孔隙及喉道中运移、沉积，导致地层孔隙度和渗透率降低；另一方面，地层压力的降低导致裂缝逐渐闭合，也会导致地层孔隙度和渗透率的降低。

假定析出的硫微粒的密度不随压力的变化而变化，因此，孔隙度降低模型为

$$\phi = \phi_0 - \Delta\phi_S - \Delta\phi_\sigma \tag{3-6}$$

其中，

$$\Delta\phi_\sigma = \phi_0 - \phi_0 \exp\left[-b(p_0 - p)\right]$$

$$\Delta\phi_S = \frac{V_S}{V} \times 100\%$$

由地层孔隙度的定义可知，由于体积为 V_S 的硫沉积引起的地层孔隙度变化为

$$\mathrm{d}\phi = \frac{\mathrm{d}V_S}{V_\phi} = \frac{\mathrm{d}V_S}{2\pi r h \phi \mathrm{d}r} \tag{3-7}$$

实际过程中，硫是伴随着天然气流动而在压力降低的情况下达到饱和而析出的，因此，在气体动力足够大或由于惯性作用，气流会携带析出的固态硫向前运移 τ 时刻，将其定义为孔隙度随固态硫的析出而变化的延迟时间。根据地层非平衡沉积过程中沉积物体积与孔隙度的关系研究结果，近似地给出描述孔隙度变化量与地层含硫饱和度的关系方程：

$$S_S = \Delta\phi + \tau \frac{\mathrm{d}\Delta\phi}{\mathrm{d}t} \tag{3-8}$$

3.2.6 含硫气藏渗流公式

Karan 等[48]指出地层中的固体物质沉积将会对地层渗透率带来严重的伤害，且在孔喉的沉积堵塞比其在孔隙表面的沉积堵塞对储层渗透率造成的伤害严重得多。实验表明地层渗透率下降近似满足如下经验关系：

$$\ln k_{\mathrm{rg}} = \alpha S_S \tag{3-9}$$

式中，k_{rg} 为相对渗透率；α 为常数，取-6.22；S_S 为含硫饱和度（硫沉积量/储层孔隙体积）。

达西流动状态下气体微观传输方程的表达式如下：

$$v = \frac{k_{\mathrm{rg}}}{\mu} \Delta p \tag{3-10}$$

当气体流动速度较高时，气体流动速度与压力梯度之间不再满足线性关系，因此根据福希海默（Forchheimer）方程可以得到高含硫气藏内考虑高速非达西流动影响下气体微观传输方程的表达式，具体如下：

$$\Delta p = \frac{k_{\mathrm{rg}}}{\mu} v + \beta \rho v^2 \tag{3-11}$$

其中，$\beta = 7.644 \times 10^{10} (k_{\mathrm{rg}} k)^{-1.5}$。

3.3 硫沉积-堵塞预测模型计算理论及方法研究

高含硫气藏开发过程中地层硫沉积主要由含硫天然气状态和储层多孔介质特征决定，对于已经开发的气藏，地层温度和压力主要受到储层物性和气井工作制度的影响，本小节基于直井引发的渗流场，建立硫沉积-堵塞预测模型计算理论及方法。

3.3.1 含硫天然气达西渗流时硫沉积预测模型

1. 渗流物理模型

(1) 顶底封闭,供给半径为 r_e 的高含硫气藏中有一口直井,气井半径为 r_w。
(2) 地层中的只有单相气体稳定流动,气体流动符合达西定律。
(3) 高含硫气藏储层为水平、等厚和均质。
(4) 气体从地层远处径向流入井底,即气体为平面径向流。

以上所述地质模型(气体平面径向流模型)的示意图如图 3-15 所示。

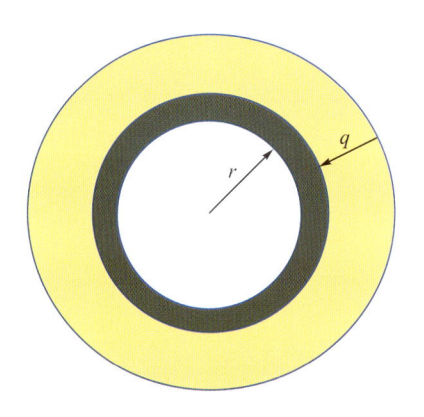

图 3-15 气体平面径向流模型图

2. 考虑硫沉积影响的达西渗流稳态数学模型

1856 年,法国水文工程师亨利·达西(Henri Darcy)通过试验得到以下经验公式,即著名的达西定律:

$$Q = k\frac{A\Delta p}{\mu L} \times 10 \tag{3-12}$$

式中,Q 为流量,cm^3/s;μ 为流体黏度,$mPa \cdot s$;k 为气体有效渗透率,μm^2;L 为流体流经的直线距离,cm;Δp 为 L 两端的压差,MPa。

对于图 3-15 所示模型的平面径向达西渗流,由达西公式可以推导出其径向压降为

$$\frac{dp}{dr} = \frac{q\mu}{2\pi rhk} \tag{3-13}$$

式中,q 为地层条件下的天然气流量,cm^3/s;r 为地层中任一点到气井中心的距离,cm;h 为地层的厚度,cm。

气体体积系数与考虑地层硫沉积的气体相对渗透率的表达式如下:

$$B_g = \frac{q}{q_g} \tag{3-14}$$

$$k_r = \frac{k}{k_a} \tag{3-15}$$

将式(3-14)和式(3-15)代入式(3-13)，得

$$\frac{\mathrm{d}p}{\mathrm{d}r} = 1.3751 \times 10^2 \frac{k_a q_g B_g \mu}{k_r h r} \tag{3-16}$$

式中，B_g 为天然气气体体积系数；q_g 为气井地面产量，m³/d；k 为气体有效渗透率，$10^3 \mu m^2$；k_r 为气体相对渗透率；k_a 为地层绝对渗透率，$10^3 \mu m^2$。

地层中任一点 r 处，在 $\mathrm{d}t$ 时刻因为压力降低而析出的硫体积 V_S 为

$$\mathrm{d}V_S = \frac{q_g B_g \dfrac{\mathrm{d}c}{\mathrm{d}p} \mathrm{d}p \mathrm{d}t}{\rho_S} \times 10^{-6} \tag{3-17}$$

其中，ρ_S 是固体硫的密度，$\rho_S = 2.07 \mathrm{g/cm^3}$，则式(3-17)可以写为

$$\mathrm{d}V_S = 4.8309 \times 10^{-7} q_g B_g \frac{\mathrm{d}c}{\mathrm{d}p} \mathrm{d}p \mathrm{d}t \tag{3-18}$$

那么，$\mathrm{d}t$ 时刻内析出的硫在地层孔隙空间内的含硫饱和度 S_S 为

$$\mathrm{d}S_S = \frac{\mathrm{d}V_S}{h\phi(1-S_{wi})2\pi r \mathrm{d}r} = 0.15915 \times \frac{\mathrm{d}V_S}{h\phi(1-S_{wi})r\mathrm{d}r} \tag{3-19}$$

将式(3-19)代入式(3-18)得

$$\mathrm{d}S_S = \frac{\mathrm{d}V_S}{h\phi(1-S_{wi})2\pi r \mathrm{d}r} = 7.689 \times 10^{-8} \times \frac{qB_g \dfrac{\mathrm{d}c}{\mathrm{d}p}\mathrm{d}p\mathrm{d}t}{h\phi(1-S_{wi})r\mathrm{d}r} \tag{3-20}$$

式(3-20)经过整理得

$$\frac{\mathrm{d}S_S}{\mathrm{d}t} = 7.689 \times 10^{-8} \times \frac{qB_g \dfrac{\mathrm{d}c}{\mathrm{d}p}}{r h \phi(1-S_{wi})} \frac{\mathrm{d}p}{\mathrm{d}r} \tag{3-21}$$

把式(3-16)代入式(3-21)并整理得

$$\frac{\mathrm{d}S_S}{\mathrm{d}t} = 1.0573 \times 10^{-5} \times \frac{q_g^2 B_g^2 \mu \dfrac{\mathrm{d}c}{\mathrm{d}p}}{k_a k_r h^2 \phi(1-S_{wi}) r^2} \tag{3-22}$$

根据有关文献研究可知，含硫饱和度与气体相对渗透率存在如下经验公式：

$$\ln k_r - a S_S \tag{3-23}$$

式中，a 为待定系数。

含硫天然气的饱和度 S_S 与天然气在储层中的相对渗透率 k_r 之间的关系可以通过实验得到，通过线性回归的办法，可以得到 a 的经验值。这里采用校正后 a 的拟合值，为-6.824，那么式(3-23)可以写为

$$\ln k_r = -6.824 S_S \tag{3-24}$$

另外，通过式(3-24)可以得到含硫天然气的饱和度 S_S 与天然气在储层中的相对渗透率 k_r 的关系曲线图，如图3-16所示。

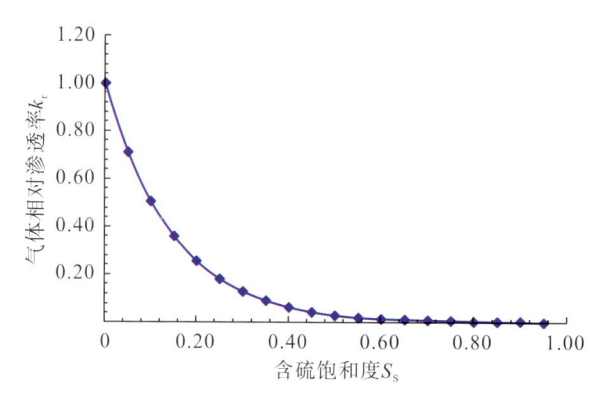

图3-16 含硫饱和度 S_S 与气体相对渗透率 k_r 的关系曲线

从图 3-16 可以看出,地层中含硫饱和度越大,气体的相对渗透率就越低,而且,随着含硫饱和度越来越大,气体相对渗透率下降得越来越快,这符合实际情况。

将式(3-24)代入式(3-22),并积分可得

$$S_S = \frac{1}{a}\ln\left[1.0573\times 10^{-5}\times\frac{q_g^2 B_g^2 \frac{dc}{dp}\mu a}{k_a r^2 h^2 \phi(1-S_{wi})}t+1\right] \tag{3-25}$$

式中各变量符号的意义同以上各式。

令 $Y = 1.0573\times 10^{-5}\times\dfrac{q_g^2 B_g^2 \frac{dc}{dp}\mu a}{K_a r^2 h^2 \phi(1-S_{wi})}$,则式(3-25)变为

$$S_S = \frac{1}{a}\ln(Yt+1) \tag{3-26}$$

当 $S_S=1$ 时,地层孔隙全部被沉积的硫堵塞,此时,地层孔隙度 $\phi=0$。由式(3-26)可以得出在距离气井中心的 r 处,地层孔隙被完全堵塞的时间为

$$t_f = \frac{e^a - 1}{Y} \tag{3-27}$$

式中,t_f 为地层含硫饱和度 $S_S=1$ 时所对应的时间;a 为系数,一般采用 $a=-6.824$;Y 为待定系数。

由式(3-27)可以估算出一口含硫气井停产的最终时间,从而可为制定气井的生产制度、预测需要采取增产措施的时间等提供依据。

3.3.2 含硫天然气非达西渗流时硫沉积预测模型

1. 渗流物理模型

(1) 地层中流体的流动为单相气体流动。
(2) 受到气井产量较高的影响,天然气在地层中的流动符合高速非达西渗流。
(3) 储层为水平、等厚和均质的。

(4) 气体从地层远处径向流入井底，即气体为平面径向流。

地质模型示意图与图 3-15 相同。

2. 考虑硫沉积影响的非达西渗流稳态数学模型

在上述假设的地质模型的基础上，考虑到气体从气层流入井底时，气体垂直于流动方向上的断面向井底渗流。气体越接近井轴，断面面积越小，因而气体的流速急剧增加。这时候井轴周围气体的高速流动不再遵循达西定律，而相当于紊流流动，即高速非达西流动。在这种情况下，采用 Forcheimer 通过实验提出的利用二项式方程描述的非达西流动方程[50]：

$$\frac{dp}{dr} = \frac{\mu v}{k} + \beta \rho v^2 \tag{3-28}$$

式中，p 为地层压力，Pa；μ 为流体黏度，Pa·s；v 为渗流速度，m/s；ρ 为流体密度，kg/m³；r 为径向渗流半径，m；k 为渗透率，m²；β 为描述孔隙介质紊流影响的系数，称为速度系数，m^{-1}。

气体在地层中的流量可以表示为

$$q = q_g B_g = 2\pi r h v \tag{3-29}$$

由式(3-29)可得含硫天然气在地层中的渗流速度：

$$v = \frac{q_g B_g}{2\pi r h} \tag{3-30}$$

式中，k 为有效渗透率；q_g 为地面条件下的天然气流量，m³/d；q 为地层条件下的天然气流量，m³/d；B_g 为气体体积常数。

将式(3-30)代入式(3-28)后整理，并考虑含硫气体的相对渗透率与地层绝对渗透率的关系式(3-16)后可以得到气体平面径向流的压力下降公式[51]：

$$\frac{dp}{dr} = 1.3751 \times 10^2 \frac{q_g B_g \mu}{r h k_r k_a} + 1.8909 \times 10^{-18} \frac{\beta \rho q_g^2 B_g^2}{r^2 h^2} \tag{3-31}$$

距离井眼中心为 r 处 dt 时刻内因压力下降而使含硫气体析出硫的体积量同式(3-18)。

在 dt 时刻内由于硫元素的析出在地层孔隙空间中形成的含硫饱和度同式(3-19)。

同理，单位时间内含硫饱和度的变化率同样可以由式(3-18)和式(3-19)推导出，结果和式(3-20)相同。

结合式(3-31)和式(3-20)，整理后即可以得到：

$$\frac{dS_S}{dt} = 1.0573 \times 10^{-5} \frac{q_g^2 \mu B_g^2 \frac{dc}{dp}}{r^2 h^2 \phi(1-S_{wi}) k_a} \frac{1}{k_r} + 1.4538 \times 10^{-25} \frac{\beta \rho q_g^3 B_g^3 \frac{dc}{dp}}{r^3 h^3 \phi(1-S_{wi})} \tag{3-32}$$

令

$$A = 1.0573 \times 10^{-5} \frac{q_g^2 \mu B_g^2 \frac{dc}{dp}}{r^2 h^2 \phi(1-S_{wi}) k_a} \tag{3-33}$$

$$B = 1.4538 \times 10^{-25} \frac{\beta \rho q_{\mathrm{g}}^3 B_{\mathrm{g}}^3 \dfrac{\mathrm{d}c}{\mathrm{d}p}}{r^3 h^3 \phi (1-S_{\mathrm{wi}})} \tag{3-34}$$

则式(3-32)可以写为

$$\frac{\mathrm{d}S_{\mathrm{S}}}{\mathrm{d}t} = \frac{A}{k_{\mathrm{r}}} + B \tag{3-35}$$

式中各变量符号的意义及单位同以上各式。另外，对于系数 A、B 中的几个符号需要另外做一些说明。其中，B_{g} 为天然气体积系数，可由下式来表示：

$$B_{\mathrm{g}} = \frac{p_{\mathrm{sc}}}{Z_{\mathrm{sc}} T_{\mathrm{sc}}} \frac{ZT}{p} = 3.4573 \times 10^{-4} \frac{ZT}{p} \tag{3-36}$$

式中，Z 为偏差系数；T 为温度；

$$p_{\mathrm{sc}} = 0.101 \mathrm{MPa} \tag{3-37}$$
$$T_{\mathrm{sc}} = 273 \mathrm{K} \tag{3-38}$$
$$Z_{\mathrm{sc}} = 1 \tag{3-39}$$

β 为描述孔隙介质中紊流影响的系数，称为速度系数，单位是 m^{-1}。其通式为

$$\beta = \frac{\text{常数}}{k^a} \tag{3-40}$$

式中，a 为待定系数；k 为有效渗透率，$10^{-3} \mu \mathrm{m}^2$。

常用的计算公式为

$$\beta = \frac{7.644 \times 10^{10}}{k^{1.5}} \tag{3-41}$$

ρ 为地层流体密度，可以由下式来计算：

$$\rho = \frac{M_{\mathrm{a}} \gamma_{\mathrm{g}} p}{ZRT} = 3.4199 \times 10^3 \frac{\gamma_{\mathrm{g}} p}{ZT} \tag{3-42}$$

式中，M_{a} 为干燥空气的分子量，为 28.97；γ_{g} 为气体的相对密度。

把含硫饱和度与气体相对渗透率的经验关系式(3-24)代入式(3-35)后分离变量，积分可得

$$\ln\left(\frac{A + B\mathrm{e}^{aS_{\mathrm{S}}}}{A + B}\right) = aBt \tag{3-43}$$

将式(3-43)整理后可以得到气体非达西渗流时的硫沉积预测模型，即

$$S_{\mathrm{S}} = \frac{1}{a} \ln\left[\frac{(A+B)\mathrm{e}^{aBt} - A}{B}\right] \tag{3-44}$$

式中，S_{S} 为地层含硫饱和度；a、A 和 B 为待定系数；t 为生产时间，d。

在式(3-44)中，同样令 $S_{\mathrm{S}} = 1$，可以得到地层孔隙完全被沉积的单质硫堵塞时的时间 t_{f}：

$$t_{\mathrm{f}} = \frac{1}{aB} [\ln(A + B\mathrm{e}^a) - \ln(A + B)] \tag{3-45}$$

如果在式(3-45)中，不考虑系数 β 的影响，则描述气体非达西渗流的二项式方程

(3-32)等号右边的第二项为零,并由此而得到式(3-45)中的系数 B 也为零。此时,由式(3-45)便可以得到上一节中推导出的气体达西流动时硫沉积的预测模型:

$$S_S = \frac{1}{a}\ln(aAt+1) \tag{3-46}$$

其中,

$$Y = aA \tag{3-47}$$

式(3-26)是在达西流动公式上建立的硫沉积预测模型,式(3-46)则是建立在气体高速非达西流动的基础上的。相比而言,式(3-46)考虑了气井生产过程中井眼周围所形成的压降对气体密度、气体体积系数、硫元素在气体中的溶解度等参数的影响。因而该模型比达西流动的硫沉积模型考虑得更全面一些。通过对 A 井硫沉积预测得出,该井应该以 $55\times10^4 m^3/d$ 配产,在该产量下气井含硫饱和度分布如图 3-17 所示,地层硫主要沉积在井筒周围 14m 范围内。

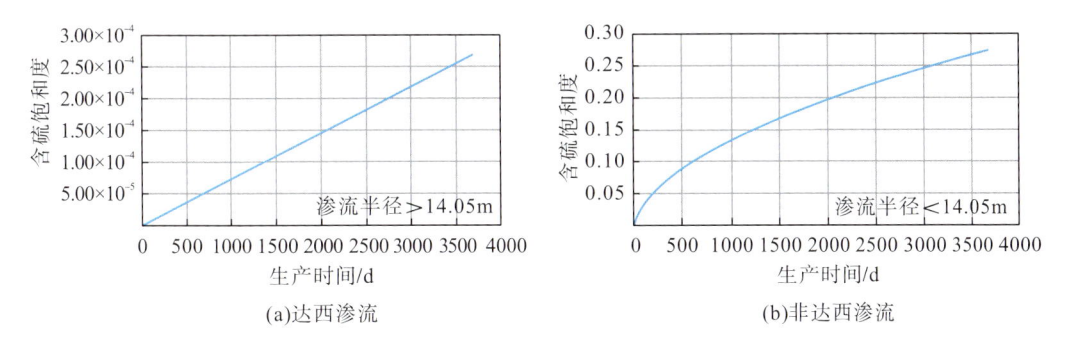

(a)达西渗流

(b)非达西渗流

图 3-17 不同流动状态下气井连续生产 10 年含硫饱和度预测

气井渗透率变化如图 3-18 所示,气井渗透率生产初期递减较快,生产后期递减较慢,生产 10 年时总降低幅度为 45.28%。

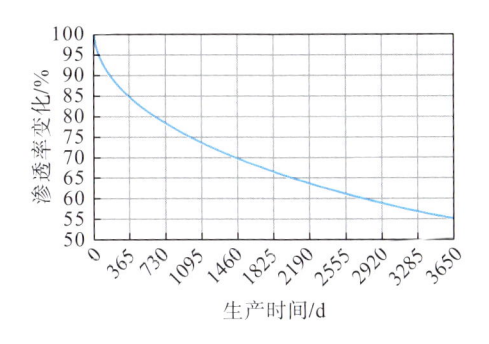

图 3-18 A 井渗透率变化

模拟该井井底渗流半径以 0.1m 为步长,在该产量下非达西渗流区域气井孔隙度变化如图 3-19 所示,该井水动力冲刷解堵区在 2m,水动力携硫区在 2~3.9m,硫稳定沉积堵塞区在 3.9~14m 之间,非达西渗流半径为 14m。

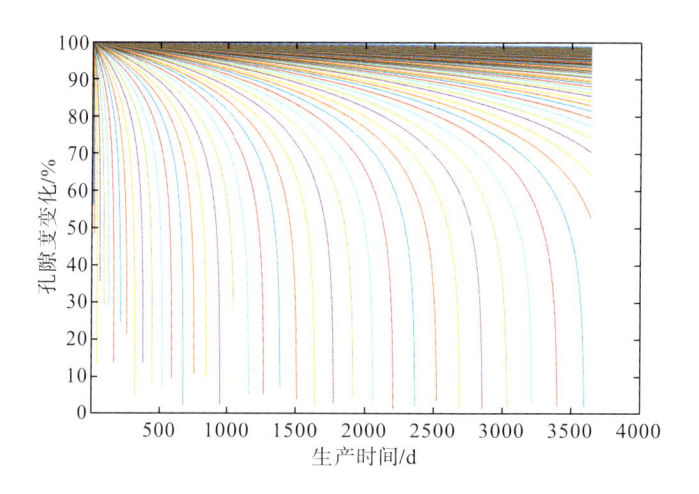

图 3-19 A 井孔隙度变化

3.3.3 含硫天然气硫堵塞预测模型

引起硫沉积的因素是多方面的，但在计算时首先需要定性地考虑硫沉积对地层的伤害，那么就必须确定以下 4 个控制硫沉积速度的因素及其对地层的伤害。

首先，必须确定硫沉积时其传递硫的范围。若由于地层平均压力的降低硫在该范围内结晶析出，则地层孔隙空间将会被占据。其次，压力下降必定导致含硫天然气中硫溶解度的下降。压力梯度越大，沉积出的硫越多。再次，硫沉积的孔隙空间体积大小会影响硫的沉积。饱和硫在孔隙空间体积小的地层中的结晶速度比在孔隙空间体积大的地层中要快得多。最后，气相的相对渗透率主宰着硫沉积对地层流动的伤害程度。沉积位置控制着相对渗透率的大小[52]。

这些因素是硫沉积预测模型建模时都必须考虑到的。建模过程中将运用物质平衡原理、非线性沉积思想及多相流动力学理论，并假设：①流体处于半稳定流态的单相流动；②地层温度恒定；③恒定流量；④地层均质；⑤渗流模型为平面径向流模型；⑥流动满足达西定律。

首先，由地层含水饱和度，近似地引入地层含硫饱和度的概念，即析出的硫占据的孔隙空间体积比。下面分 4 种情况讨论地层中硫的沉积-堵塞预测模型。

(1) 当天然气流未达到含硫饱和度之前，地层不会发生硫沉积，即

$$S_S = 0, \quad C < C_P \tag{3-48}$$

式中，C 为硫的溶解度，g/m^3；C_P 为饱和状态下硫的溶解度，g/m^3。

(2) 当天然气流处于饱和态且气流速度没有达到气体携带析出的硫的临界流速 V_{ce} 时，由达西定律可得

$$v = -10^{-2} \frac{K}{\mu_g} \frac{dp}{dr} = 1.842 \times 10^{-2} \frac{qB_g}{hr} \tag{3-49}$$

式中，v 为气流速度，m/s；p 为地层压力，MPa；r 为井半径，m；q 为井的产量，$10^4 m^3/d$；μ_g 为天然气黏度，mPa·s；B_g 为天然气的体积系数，m^3/m^3；K 为地层瞬态有效渗透率，

$10^{-3}\mu m^2$；h 为地层厚度，m。

设 r 处 t 时刻内因压降而析出的硫的体积为 V_S，则其与单位压差变化条件下硫溶解度的变化关系为

$$dV_S = \frac{qB_g \dfrac{dC}{dp} dpdt}{\rho_S} = 4.983 \times 10^{-3} qB_g \frac{dC}{dp} dpdt \tag{3-50}$$

式中，dC/dp 为单位压降下天然气中硫溶解度的改变量，g/m^3；ρ_S 为固体硫的密度，$2.07 g/cm^3$；t 为生产时间，d。

则由地层孔隙度定义式可以导出硫沉积时，孔隙度变化率 $\Delta\phi$ 的微分关系式：

$$d\Delta\phi = \frac{dV_S}{V_{孔隙}} = \frac{dV_S}{2\pi rh\phi_0 dr} \tag{3-51}$$

将式(3-50)代入式(3-51)得

$$d\Delta\phi = \frac{0.793 \times 10^{-3} qB_g \left(\dfrac{dC}{dp}\right)_T}{rh\phi_0} \frac{dp}{dr} dt \tag{3-52}$$

进一步将式(3-49)代入式(3-52)得

$$\frac{d\Delta\phi}{dt} = 1.46 \times 10^{-3} \frac{q^2 \mu_g B_g^2 \left(\dfrac{dC}{dp}\right)_T}{Kh^2 r^2 \phi_0} \tag{3-53}$$

过去，人们假设析出的硫不流动，即在开始析出的位置就沉积下来，但这不符合实际情况。在实际过程中，硫是伴随着天然气流动而在压力降低的情况下达到饱和而析出的，因此，在气体动力足够大时或由于惯性作用，气流会携带析出的固态硫向前运移 τ 时刻，这里将其定义为孔隙度随固态硫的析出而变化的延迟时间。根据地层非平衡沉积过程中沉积物体积与孔隙度的关系研究结果，近似地给出描述孔隙度变化量与地层含硫饱和度的关系方程：

$$S_S = \Delta\phi + \tau \frac{d\Delta\phi}{dt} \tag{3-54}$$

设微分方程的初始条件为

$$S_S = 0, \quad \Delta\phi = 0, \quad t = 0 \tag{3-55}$$

对方程(3-54)两边同时求导可得

$$\frac{dS_S}{dt} = \frac{d\Delta\phi}{dt} + \tau \frac{d^2\Delta\phi}{dt^2} \tag{3-56}$$

Roberts[14]研究表明，地层发生硫沉积时地层相对渗透率与含硫饱和度的关系可表示为

$$\ln K_r = aS_S \tag{3-57}$$

即

$$\ln\left(\frac{K}{K_0}\right) = aS_S \text{ 或 } K = K_0 \exp(aS_S) \tag{3-58}$$

式中，a 是经验系数，恒为负值，渗透率与地层含硫饱和度的实验数据关系采用线性回归法确定。K_0 和 K 分别表示地层初始渗透率和发生沉积时的瞬时地层渗透率。

将式(3-58)代入式(3-53)可得

$$\frac{\mathrm{d}\Delta\phi}{\mathrm{d}t}=1.46\times10^{-3}\frac{q^2\left(\dfrac{\mathrm{d}C}{\mathrm{d}p}\right)_T\mu_{\mathrm{g}}B_{\mathrm{g}}^2}{K_0\phi_0 h^2 r^2}\exp(-aS_{\mathrm{S}}) \qquad (3\text{-}59)$$

令

$$m=1.46\times10^{-3}\frac{\left(\dfrac{\mathrm{d}C}{\mathrm{d}p}\right)_T\mu_{\mathrm{g}}B_{\mathrm{g}}^2}{K_0\phi_0} \qquad (3\text{-}60)$$

则

$$\frac{\mathrm{d}\Delta\phi}{\mathrm{d}t}=\frac{mq^2}{h^2 r^2}\exp(-aS_{\mathrm{S}}) \qquad (3\text{-}61)$$

继续在方程两边对时间求导得

$$\frac{\mathrm{d}^2\Delta\phi}{\mathrm{d}t^2}=-\frac{amq^2}{h^2 r^2}\exp(-aS_{\mathrm{S}})\frac{\mathrm{d}S_{\mathrm{S}}}{\mathrm{d}t} \qquad (3\text{-}62)$$

将式(3-61)、式(3-52)代入式(3-56)并整理得

$$\left[1+\tau\frac{amq^2}{h^2 r^2}\exp(-aS_{\mathrm{S}})\right]\frac{\mathrm{d}S_{\mathrm{S}}}{\mathrm{d}t}=\frac{mq^2}{h^2 r^2}\exp(-aS_{\mathrm{S}}) \qquad (3\text{-}63)$$

将方程合并同类项并分离变量积分得

$$t=\frac{h^2 r^2}{amq^2}\left[\exp(aS_{\mathrm{S}})-1\right]+a\tau S_{\mathrm{S}} \qquad (3\text{-}64)$$

式(3-64)就是饱和气流条件下硫沉积模型的精确解析解。它描述了硫沉积量(含硫饱和度)与生产时间、产量、井半径等参数的函数关系。

特别地，当延迟时间 $\tau=0$ 时，式(3-64)可变为

$$S_{\mathrm{S}}=\frac{1}{a}\ln\left(\frac{amq^2}{h^2 r^2}t+1\right) \qquad (3\text{-}65)$$

其结果与不考虑沉积的延迟时间时所描述的结论完全一致，也说明本书所建立的模型具有良好的包容性和准确性。

(3) 当天然气气流处于饱和态，气流速度 V 大于等于气体携带析出的硫的临界流速 V_{ce} 且小于机械冲刷解堵流速 V_{cup} 时：

$$S_{\mathrm{S}}=S_{\mathrm{Si}}, \quad V_{\mathrm{ce}}\leqslant V<V_{\mathrm{cup}} \qquad (3\text{-}66)$$

(4) 当天然气流处于饱和态且气流速度 $V\geqslant V_{\mathrm{cup}}$ 时，气流对已经沉积到孔隙介质表面的固态硫具有冲刷清洗的作用，使得黏附在孔隙介质表面的固态硫颗粒从介质表面分离出来，并在气流能量作用下被携带向井底方向流去，则

$$S_{\mathrm{S}}=0, \quad V\geqslant V_{\mathrm{cup}} \qquad (3\text{-}67)$$

综上所述，可以将硫在地层中的沉积-堵塞过程划分为 4 个区域，即非含硫饱和状态下的无硫沉积区，此区域气流能量小；气流不足以携带走从饱和气流中析出的区域，即硫

的硫稳定沉积-堵塞区；水动力携硫区；水动力冲刷解堵区。

由于地层气流流速也是径向距离 r 的函数，为了方便描述，可以进一步将以上 4 个分段函数综合表示为关于径向距离的分段函数，即

$$\begin{cases} S_S = 0, r \geqslant R_P \\ t = \dfrac{h^2 r^2}{amq^2}[\exp(aS_S) - 1] + \tau a S_S, R_{ce} < r < R_P \\ S_S = S_{Si}, R_{cup} < r < R_{ce} \\ S_S = 0, r < R_{cup} \end{cases} \tag{3-68}$$

式中，R_P 为地层含硫饱和临界半径，m；R_{ce} 为气流水动力携硫临界半径，m；R_{cup} 为气流水动力冲刷解堵临界半径，m。

硫沉积-堵塞预测模型理论曲线如图 3-20 所示。图 3-20 描述了在径向流动方向上硫在地层中沉积、堵塞所必需的条件及出现的次序，即在严格满足硫沉积-堵塞预测模型所描述的地层及流速条件下，由井筒至井的有效控制边界上，依次出现水动力冲刷解堵区、水动力携硫区、硫稳定沉积-堵塞区和无硫沉积区。当气流流速较低，但气流仍被硫所饱和时，水动力冲刷解堵区、水动力携硫区依次从图 3-20 的左端消失，硫稳定沉积-堵塞区和无硫沉积区向井筒靠拢；当气流在到达井筒处仍处于含硫未饱和状态时，即图中的 R_P 小于等于井筒半径时，在整个流动方向上均无硫沉积发生。

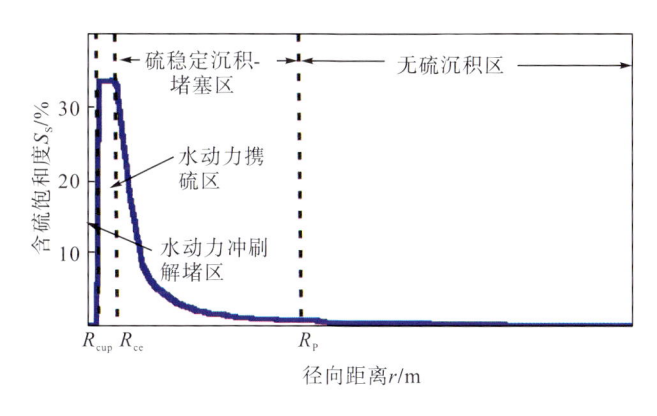

图 3-20 硫沉积-堵塞预测模型理论曲线

第4章 川东北地区飞仙关组鲕滩气藏产能评价技术

气井产能评价是整个气田(或气藏)开发的重要工作,掌握气井产能及其变化规律可实现气藏产能标定,指导产能部署、建产规模与速度优化工作。气井产能的定义主要包括稳态产能和非稳态产能两类,前者表征气井某段时间内的气井生产能力,非稳态产能主要表征气井定压生产产量变化特征。本章基于川东北地区鲕滩气藏特征,介绍适用于该地区的稳态产能模型及其评价方法、矿场实际测试数据的异常情况及修正办法,有助于此类气藏管理和生产人员合理评价气井产能。

4.1 高含硫气井稳态产能模型

相对于常规天然气藏,气体组分中富含酸性气体引起的地层硫沉积是川东北地区飞仙关鲕滩气藏最为显著的渗流特征,其次高含硫天然气的物性参数与常规天然气也存在一定的差异。因此要提高气井产能模型的准确性,需要考虑上述两个因素对气体渗流规律的影响。

4.1.1 高含硫气体物性计算

气体黏度和偏差系数是影响气体渗流特征的两个主要参数,气体黏度影响气体渗流阻力,偏差系数主要影响不同状态下的气体体积[53]。评价高含硫气井稳态产能时,首先对高含硫天然气黏度和偏差系数进行校正[54]。

1. 高含硫天然气黏度校正模型

H_2S 和 CO_2 等非烃类气体的黏度要大于 CH_4,如果直接采用常规天然气偏差系数计算模型,则会低估高含硫天然气的黏度。计算酸性气体高压物性参数时,需要考虑酸性气体的影响,目前主要是在常规计算模型的基础上进行非烃校正。高含硫气体黏度多采用斯坦丁(Standing)提出的针对登普西(Dempsey)方法的"Standing 校正法"进行校正。

Dempsey 气体黏度的计算公式为[55]

$$\mu = \frac{\mu_{g1} \exp\left[\ln\left(\frac{\mu_g}{\mu_{g1}} T_{pr}\right)\right]}{T_{pr}} \tag{4-1}$$

其中,

$$\mu_{\mathrm{g1}}=\left(1.709\times10^{-5}-2.062\times10^{-6}\right)(1.8T+32)+8.188\times10^{-3}-6.15\times10^{-3}\lg\gamma_{\mathrm{g}}$$

$$\ln\left(\frac{\mu_{\mathrm{g}}T_{\mathrm{r}}}{\mu_{\mathrm{1}}}\right)=A_0+A_1p_{\mathrm{r}}+A_2p_{\mathrm{r}}^2+A_3p_{\mathrm{r}}^3+T_{\mathrm{r}}\left(A_4+A_5p_{\mathrm{r}}+A_6p_{\mathrm{r}}^2+A_7p_{\mathrm{r}}^3\right)$$
$$+T_{\mathrm{r}}^2\left(A_8+A_9p_{\mathrm{r}}+A_{10}p_{\mathrm{r}}^2+A_{11}p_{\mathrm{r}}^3\right)+T_{\mathrm{r}}^3\left(A_{12}+A_{13}p_{\mathrm{r}}+A_{14}p_{\mathrm{r}}^2+A_{15}p_{\mathrm{r}}^3\right)$$

式中，A_0=-2.4621182；A_1=2.97054714；A_2=-0.286264054；A_3=0.00805420522；A_4=2.80860949；A_5=-3.49803305；A_6=0.36037302；A_7=-0.0104432413；A_8=-0.793385684；A_9=1.39643306；A_{10}=-0.149144925；A_{11}=0.00441015512；A_{12}=0.0839387178；A_{13}=-0.186408846；A_{14}=0.0203367881；A_{15}=-0.000609579263；μ_{g1}为在1个大气压和给定温度下单组分气体的黏度，mPa·s。

Standing校正公式为[56]

$$\mu'=\left(\mu_1\right)_m+\mu_{\mathrm{N}_2}+\mu_{\mathrm{CO}_2}+\mu_{\mathrm{H}_2\mathrm{S}} \tag{4-2}$$

其中，
$$\mu_{\mathrm{N}_2}=m_{\mathrm{N}_2}\left(8.48\times10^{-3}\lg r_{\mathrm{g}}+9.59\times10^{-3}\right),\quad \mu_{\mathrm{CO}_2}=m_{\mathrm{CO}_2}\left(9.08\times10^{-3}\lg r_{\mathrm{g}}+6.24\times10^{-3}\right),$$
$$\mu_{\mathrm{H}_2\mathrm{S}}=m_{\mathrm{H}_2\mathrm{S}}\left(8.49\times10^{-3}\lg r_{\mathrm{g}}+3.37\times10^{-3}\right)$$

式中，μ'为气体进行Standing校正后的黏度，mPa·s；$\left(\mu_1\right)_m$为烃类气体的黏度值，mPa·s；μ_{N_2}为N_2黏度校正值，mPa·s；μ_{CO_2}为CO_2黏度校正值，mPa·s；$\mu_{\mathrm{H}_2\mathrm{S}}$为$H_2S$黏度校正值，mPa·s；$m_{\mathrm{N}_2}$、$m_{\mathrm{CO}_2}$、$m_{\mathrm{H}_2\mathrm{S}}$分别为$N_2$、$CO_2$、$H_2S$占气体混合物的摩尔分数。

2. 高含硫天然气偏差系数计算模型

实际气体的偏差系数是指相同状态下（温度和压力）真实气体与相同质量的理想气体的体积比值，偏差系数主要受到气体类型、温度和压力的影响。目前计算天然气压缩因子的方法较多，归纳起来主要有3类：一是状态方程法；二是经验公式法；三是图版法。H_2S、CO_2气体的临界温度和临界压力高于CH_4，因此高含硫天然气的偏差系数Z值高于常规天然气，不考虑酸性气体的影响将导致理论计算的产量和储量结果偏大[57,58]。由于酸性天然气的腐蚀性和毒性，一般实验室不容易测量其偏差系数，目前一般采用酸性天然气临界参数进行校正。根据有关高含硫气体物性参数研究，选择其中计算误差最小的流出动态曲线（discharge performance relationship curve，DPR曲线），并结合维歇特-阿西塞（Wichert-Aziz）校正经验公式进行校正[59]。

$$Z=1+\left(A_1+\frac{A_2}{T_{\mathrm{pr}}}+\frac{A_3}{T_{\mathrm{pr}}^3}\right)\rho_{\mathrm{r}}+\left(A_4+\frac{A_5}{T_{\mathrm{pr}}}\right)\rho_{\mathrm{r}}^2+\left(\frac{A_5A_6}{T_{\mathrm{pr}}}\right)\rho_{\mathrm{r}}^5$$
$$+\frac{A_7}{T_{\mathrm{pr}}^3}\rho_{\mathrm{r}}^2\left(1+A_8\rho_{\mathrm{r}}^2\right)\exp\left(-A_8\rho_{\mathrm{r}}^2\right) \tag{4-3}$$

$$\rho_{\mathrm{r}}=\frac{0.27p_{\mathrm{pr}}}{ZT_{\mathrm{pr}}} \tag{4-4}$$

式中，$A_1\sim A_8$为系数，其值如下：A_1=0.31506237，A_2=-1.0467099，A_3=-0.57832729，

A_4=0.53530771，A_5=−0.61232032，A_6=−0.10488813，A_7=0.68157001，A_8=0.68446549。

DPR 曲线法用牛顿-拉弗森(Newton-Raphson)迭代法解非线性问题可得到偏差系数的值。这种方法的使用范围是 $1.05 \leqslant T_{pr} \leqslant 3$，$0.2 \leqslant P_{pr} \leqslant 30$。

对于高含硫天然气，主要考虑了一些常见的极性分子(H_2S、CO_2)的影响，对式(4-4)中的参数进行校正。1972年 Wichert 和 Aziz 引入参数 ε，希望用此参数来弥补常用计算方法的缺陷。参数 ε 的关系式如下：

$$\varepsilon = 15(M - M^2) + 4.167(N^{0.5} - N^2) \tag{4-5}$$

式中，M 为气体混合物中 H_2S 与 CO_2 的摩尔分数之和；N 为气体混合物中 H_2S 的摩尔分数。

根据 Wichert 和 Aziz 的观点，每个组分的临界温度和临界压力都应与参数 ε 有关，临界参数的校正关系式如下：

$$T'_{ci} = T_{ci} - \varepsilon \tag{4-6}$$

$$P'_{ci} = \frac{p_{ci} T'_{ci}}{T_{ci}} \tag{4-7}$$

式中，T_{ci} 为 i 组分的临界温度，K；p_{ci} 为 i 组分的临界压力，kPa；T'_{ci} 为 i 组分的校正临界温度，K；P'_{ci} 为 i 组分的校正临界压力，kPa。

$$T' = T + 1.94\left(\frac{p}{2760} - 2.1 \times 10^{-8} p^2\right) \tag{4-8}$$

4.1.2 含硫气藏稳态产能评价方程

1. 直井产能方程

目前，国内外多采用 Forchheimer 方程描述高速非达西效应影响下的气体渗流，该方程通过引入一个包含紊流系数的附加项修正达西方程用于考虑紊流效应造成的压力损失，其表达式如下[60]：

$$\frac{dp}{dr} = \frac{\mu_g}{k} v_g + \beta \rho v_g^2 \tag{4-9}$$

式中，p 为压力，Pa；r 为径向距离，m；k 为岩石原始地层压力下的渗透率，m^2；μ_g 为气相黏度，Pa·s；v_g 为气相渗流速度，m/s；β 为紊流系数，m^{-1}。

目前紊流系数 β 的确定方法有多产量测试结果回归计算和经验关系式确定两种，而后者较容易获取，是目前国内外常用的方法。目前常用的紊流系数的表达式如下：

$$\beta = \frac{7.644 \times 10^{10}}{k^{1.5}} \tag{4-10}$$

式中，k 为渗透率，mD。

根据室内岩心实验或者试井解释结果即可获得紊流系数。但式(4-10)是基于孔隙型渗流介质获取得到的，这类储层岩心内气体渗流速度远小于裂缝型多孔介质，因此产能常用的二项式理论公式在裂缝型气藏内适用性较差。

供给区域内距单位圆周 r 处气相的渗流速度为

$$v_g = \frac{q_{sc}B_g}{2\pi rh} \tag{4-11}$$

气体体积系数和状态方程的表达式如下：

$$B_g = \frac{p_{sc}}{Z_{sc}T_{sc}}\frac{ZT}{p}, \quad \rho = \frac{Mp}{ZRT} \tag{4-12}$$

将式(4-11)代入方程(4-9)中可以得到：

$$\frac{dp}{dr} = \frac{\mu_g}{k}\frac{q_{sc}B_g}{2\pi rh} + \beta\frac{Mp}{ZRT}\left(\frac{q_{sc}B_g}{2\pi rh}\right)^2 \tag{4-13}$$

将气体状态方程和体积系数代入式(4-13)中，可以得到：

$$\frac{2p}{\mu_g Z}dp = \frac{Tp_{sc}}{Z_{sc}T_{sc}\pi hk}q_{sc}\frac{dr}{r} + q_{sc}^2\beta\frac{TM}{\mu_g 2R}\left(\frac{p_{sc}}{Z_{sc}T_{sc}\pi h}\right)^2\frac{dr}{r^2} \tag{4-14}$$

由于气体的黏度、偏差系数与压力相关，为提高计算结果的精度，因此采用拟压力的形式推导气井产能方程。此处引入拟压力的概念：

$$\psi(p) = \int_{p_0}^{p}\frac{2p}{\mu Z}dp \tag{4-15}$$

沿着气体流动方向从井筒到供给边界进行积分可以获得气井的稳态产能公式：

$$\psi(p_e) - \psi(p_{wf}) = \frac{1.291\times 10^{-3}T}{kh}\ln\left(\frac{r_e}{r_w}\right)q_{sc} + \frac{2.282\times 10^{-21}\beta\gamma_g T}{\mu r_w h^2}q_{sc}^2 \tag{4-16}$$

式(4-16)右端第二项称为高速非达西效应引发的附加拟压降，考虑气井真实表皮系数的影响，式(4-16)可以改写为

$$\psi(p_e) - \psi(p_{wf}) = \frac{1.291\times 10^{-3}T}{kh}\ln\left(\frac{r_e}{r_w} + S + Dq_{sc}\right)q_{sc} \tag{4-17}$$

其中，D 为紊流系数，其表达式如下：

$$D = 2.191\times 10^{-18}\frac{\beta\gamma_g k}{\mu h r_w} \tag{4-18}$$

地层硫沉积的范围为近井地带，因此考虑硫沉积的内区渗透率是一个关于含硫饱和度的函数，根据推导得到考虑地层硫沉积影响下的直井稳态产能方程的表达式：

$$\psi(p_e) - \psi(p_{wf}) = Aq_{sc} - Bq_{sc}^2 \tag{4-19}$$

其中，

$$A = \frac{1.291\times 10^{-3}T}{kh}\left[\ln\left(\frac{r_d}{r_w}\right) + e^{-\alpha S_s}\ln\left(\frac{r_e}{r_d}\right) + S\right] \tag{4-20}$$

$$B = \frac{2.282\times 10^{-21}\beta\gamma_g T}{\mu h^2}\left[\frac{1}{r_w} - \frac{1}{r_d} + e^{-\alpha S_s}\left(\frac{1}{r_d} - \frac{1}{r_e}\right)\right] \tag{4-21}$$

井筒附近地层硫沉积堵塞孔喉导致储层物性变差、气井产能降低，可以近似等效为一个表皮系数影响造成的渗流附加压降增大，对直井产能方程进行简化可以得到硫沉积表皮

系数的表达式：

$$S_{\text{sur}} = \left(e^{-\alpha S_s} - 1\right)\ln\left(\frac{r_e}{r_d}\right) \tag{4-22}$$

对于式(4-22)而言，地层固态硫的饱和度为0时，硫沉积表皮系数的取值为0，因此该方程是符合实际气井生产特征的，可以得到简化后的考虑硫沉积的直井产能表达式为

$$\psi(p_e) - \psi(p_{\text{wf}}) = \frac{1.291\times10^{-3}T}{kh}\left[\ln\left(\frac{r_e}{r_w}\right) + S + S_{\text{sur}}\right]q_{\text{sc}} + \frac{2.282\times10^{-21}\beta\gamma_g T}{\mu r_w h^2}q_{\text{sc}}^2 \tag{4-23}$$

2. 大斜度井产能方程优选

相对于直井而言，大斜度井(定向井)井筒与储层的接触面积更大，增大了钻遇天然裂缝、高渗带的概率，其产能也高于常规直井，这类气井在川东北高含硫气藏中得到了较为广泛的应用。由于井筒与储层存在一定的夹角，大斜度井在生产过程中引发的气体渗流规律相对复杂，在井筒储集效应之后可以分为第一径向流和第二径向流阶段(图4-1)。如果井斜角较小，早期径向流被井筒储集效应掩盖，此时斜井的特征与直井特征相似。

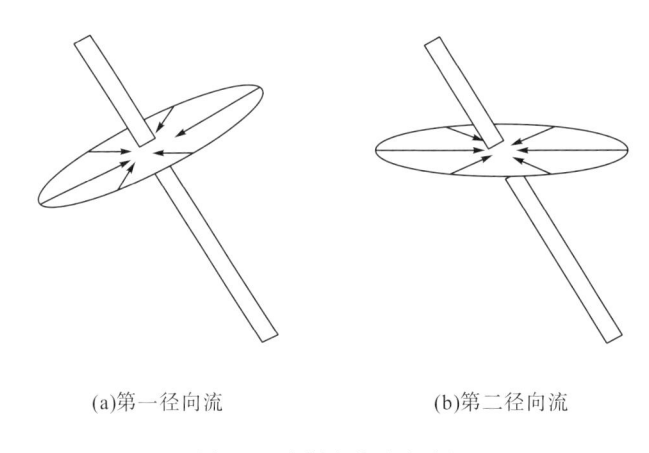

(a)第一径向流　　　　　　　(b)第二径向流

图4-1　大斜度井渗流过程

由于大斜度井引发的渗流过程复杂，常规的解析方法并不能较好地描述气体渗流特征，因此其计算结果也存在较大的偏差。目前国内外主要采用拟表皮系数方法对常规直井的产能公式进行修正来评价大斜度井的产能。大斜度井总表皮系数一般可分解为机械井筒表皮系数S、由于垂向和水平渗透率各向异性产生的负表皮系数S_{ani}和井斜等造成的几何表皮系数S_θ。

Cinco-Ley等[61]给出了井斜角$0° \leqslant \theta_w \leqslant 75°$时的几何表皮系数近似方程：

$$S_{\text{Es}} = \ln\left(\frac{4r_w}{L_s}\frac{1}{\beta\gamma}\right) + \frac{h}{\gamma L_s}\ln\left(\frac{\sqrt{hL_s}}{4r_w}\frac{2\gamma\sqrt{\gamma}}{1+\gamma}\right) \tag{4-24}$$

其中，$\gamma = \sqrt{\cos^2\theta + \frac{1}{\beta^2}\sin^2\theta}$，当$\beta=1$时，将其转化为井斜角表示的形式，注意到对数函数的定义域，可以写为：

当 $0°\leqslant\theta_w<90°$ 时，

$$S_\theta = \ln\left(\frac{4r_w\cos\theta_w}{h}\right) + \cos\theta_w\ln\left(\frac{h}{4r_w\sqrt{\cos\theta_w}}\right) \quad (4\text{-}25)$$

式中，L_s 为斜井生产段长度，m；h 为气层厚度，m；θ_w 为井斜角，(°)。

采用拟表皮系数法，将斜井造成的井斜、地层各向异性和近井地带的污染都看作表皮影响，得到各向异性地层中大斜度气井的产能模型公式：

$$Q_k = \frac{0.2714K_h h(p_e^2 - p_{wf}^2)}{\ln\left(\dfrac{r_e}{r_w}\right) + \ln\left(\dfrac{4r_w}{L_s}\dfrac{1}{\beta\gamma}\right) + \dfrac{h}{\gamma L_s}\ln\left(\dfrac{\sqrt{hL_s}}{4r_w}\dfrac{2\gamma\sqrt{\gamma}}{1+\gamma}\right) + S}\frac{T_x}{\mu_g ZTp_{sx}} \quad (4\text{-}26)$$

这里引入硫沉积表皮系数进行修正，可以得到高含硫气藏定向井稳态产能方程的表达式为

$$Q_k = \frac{0.2714K_h h(p_e^2 - p_{wf}^2)}{\ln\left(\dfrac{r_e}{r_w}\right) + \ln\left(\dfrac{4r_w}{L_s}\dfrac{1}{\beta\gamma}\right) + \dfrac{h}{\gamma L_s}\ln\left(\dfrac{\sqrt{hL_s}}{4r_w}\dfrac{2\gamma\sqrt{\gamma}}{1+\gamma}\right) + S + S_{sur}}\frac{T_x}{\mu_g ZTp_{sx}} \quad (4\text{-}27)$$

3. 水平井产能方程优选

水平井是目前国内外主要的开发井型，其引发的渗流规律极其复杂，目前国内外学者提出了大量的稳态解析产能模型，虽然计算精度不高，但是由于其简捷，目前仍然被广泛应用于预测水平井产能。例如，Borisov[62]、Giger 等[63,64]、Joshi[65-68]、Kuchuk 等[69,70]、Babu 和 Odeh[71]、Renard 和 Dupuy[72]、徐景达[73]、窦宏恩和刘翔鹗[74]、程林松和郎兆新[75]、陈元千[76]等这些理想状况下封闭地层水平井产能预测方法，目前常用的水平产能公式主要包括乔希(Joshi)公式和陈元千公式。

根据前文对常规水平井产能分析方法的对比，Joshi 水平井产能分析方法运用最为广泛，即将水平井三维渗流问题简化为水平平面内的径向渗流与垂直平面内的径向渗流两个二维渗流问题，分别利用保角变换方法求得两个二维平面内的水平井产能公式，联立得到水平井总产能公式，如图 4-2 所示[65]。

适用条件：①各向异性、均质气藏，不考虑地层伤害；②单向稳态流，流体微可压缩；③外边界和井筒压力为常数；④井段与上边界距离一定。

局限性：该公式中产能随气层厚度线性增大，但这是不可能的。所以，公式适用于储层厚度不大的气藏。

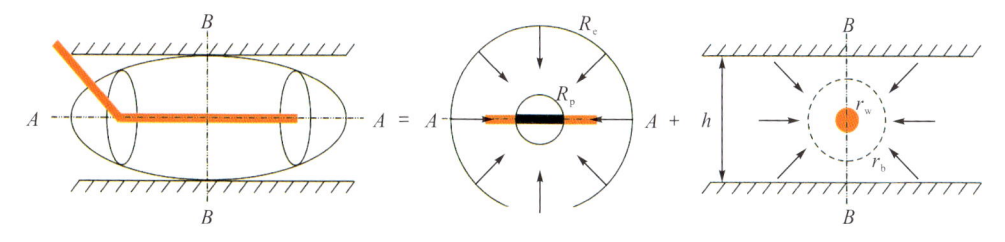

图 4-2 水平井三维渗流分解为水平平面径向渗流与垂直平面径向渗流

Joshi 利用电场流理论，假定水平井的泄流体是以水平井两端点为焦点的椭圆体，将三维渗流问题简化为垂直及水平面内的二维问题，利用势能理论详细推导了均质各向同性油藏水平井产能公式，同时又根据 Muskat 关于油藏非均质性和水平井偏心距的概念，给出了考虑渗透率各向异性和偏心距的较为全面的水平井产能计算公式：

$$Q_{gh} = \frac{0.2714 K_h h \left(p_e^2 - p_w^2\right)}{\ln\left[\dfrac{a + \sqrt{a^2 - \left(\dfrac{L}{2}\right)^2}}{\dfrac{L}{2}}\right] + \dfrac{\beta^2 h}{L}\ln\left[\dfrac{\left(\dfrac{h}{2}\right)^2 + \delta^2}{0.5 h r_w}\right]} \cdot \frac{T_{sc}}{\mu_g Z T p_{sc}} \quad (L < r_{eh}, L \gg h) \quad (4\text{-}28)$$

式中，$r_{eh} = \sqrt{r_{ev}(r_{ev} + L/2)}$，为气井的泄气半径，m；$a = \dfrac{L}{2}\sqrt{0.5 + \sqrt{(2r_{eh}/L)^4 + 0.25}}$，为椭圆长半轴，m；$\beta = \sqrt{K_h/K_v}$，为各向异性系数；$\delta$ 为偏心距，m；h 为地层厚度，m；L 为水平段长度，m。

这里引入硫沉积表皮系数 (S_{sur}) 进行修正，可以得到高含硫气藏水平井稳态产能方程的表达式为

$$Q_{gh} = \frac{0.2714 K_h h \left(p_e^2 - p_w^2\right)}{\ln\left[\dfrac{a + \sqrt{a^2 - \left(\dfrac{L}{2}\right)^2}}{\dfrac{L}{2}}\right] + \dfrac{\beta^2 h}{L}\ln\left[\dfrac{\left(\dfrac{h}{2}\right)^2 + \delta^2}{0.5 h r_w}\right] + S_{sur}} \cdot \frac{T_{sc}}{\mu_g Z T p_{sc}} \quad (4\text{-}29)$$

4.2 非稳态产能评价模型

4.2.1 鲕滩气藏地质模型简化

鲕滩气藏储层实际为裂缝-孔隙型结构气藏，裂缝和基质岩块的分布是杂乱无章的，用常规的数学方法很难描述流体在其中的流动规律。为了研究的需要，可将储层抽象为各种不同的简化地质模型，常用的为沃伦-鲁特(Warren-Root)模型。该模型是将实际的裂缝-孔隙型气藏简化为 3 组正交裂缝切割基质岩块使其呈六面体的地质模型，其方向与渗透率主方向一致，并假设裂缝的宽度为常数，如图 4-3 所示[77]。裂缝网络可以是均匀分布的，也可以是非均匀分布的。采用非均匀的裂缝网络可研究裂缝网络的各向异性或在某一方向上变化的情况。

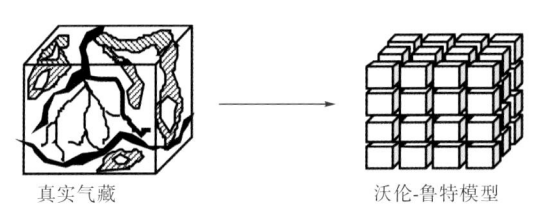

真实气藏 → 沃伦-鲁特模型

图 4-3 双重介质储层真实特征和简化模型

鲕滩气藏无论是在静态上还是动态上都比均质地层复杂，然而均质地层与裂缝-孔隙型双重介质地层的基本差别，从渗流的角度看，只需要两个参数来描述：弹性储容比 ω 和窜流系数 λ。

1. 弹性储容比 ω

弹性储容比用来描述裂缝网络与基质孔隙两个系统的弹性储容能力的相对大小，它被定义为裂缝网络的弹性储存能力与气藏总的弹性储存能力之比[78]：

$$\omega = \frac{\phi_f C_f}{\phi_m C_m + \phi_f C_f} \tag{4-30}$$

式中，C_m、C_f 为流体在基质岩块和裂缝系统中的综合压缩系数，MPa^{-1}；ϕ_m、ϕ_f 为基质岩块系统和裂缝系统相对于总系统的孔隙度，%。

$$\phi_m = \frac{基质岩块系统孔隙体积}{总系统体积} \times 100\% \tag{4-31}$$

$$\phi_f = \frac{裂缝系统孔隙体积}{总系统体积} \times 100\% \tag{4-32}$$

裂缝孔隙度占总孔隙度的比例越大，弹性储容比 ω 越大。

2. 窜流系数 λ

流体在裂缝-孔隙型气藏中的渗流过程，具有一般粒间孔隙的基质岩块与裂缝之间存在流体交换，窜流系数就是用来描述这种介质间流体交换的物理量，它反映基岩中流体向裂缝窜流的能力，可定义为[79]

$$\lambda = \alpha \frac{K_m}{K_f} r_w^2 \tag{4-33}$$

式中，K_m、K_f 分别为基质岩块和裂缝系统的渗透率，μm^2；r_w 为生产井半径，m；α 为形状因子，它与被切割的基质岩块的大小和正交裂缝的组数有关，岩块越小，裂缝密度越大，则形状因子 α 越大，反之则越小。

沃伦等提出 α 的表达式为

$$\alpha = \frac{4n(n+2)}{L^2} \tag{4-34}$$

式中，n 为正交裂缝的组数；L 为岩块的特征长度，m。

窜流系数的大小，一方面取决于基质与裂缝渗透率的比值，另一方面取决于基质被裂缝切割的程度。基质与裂缝渗透率的比值越大或裂缝密度越大，窜流系数 λ 越大。

4.2.2 鲕滩气藏渗流数学模型

对于裂缝-孔隙型鲕滩气藏，可把裂缝组成的系统和基质岩块组成的系统视为同一空间中两个彼此独立而又互相联系的水动力场。根据连续介质场的假设，对每一介质场分别写出状态方程、运动方程和质量守恒方程，在质量守恒方程中用一源或汇来描述裂缝网络与基质岩块间的流体交换，于是可按与均匀介质类似的方法来建立流体在裂缝-孔隙型双重介质中的不稳定渗流微分方程。

1. 运动方程

假设裂缝和基岩两种介质分别是均匀且各向同性的，流体从基岩孔隙中流向裂缝，再经由裂缝流入井底，流体在裂缝和基岩中的渗流都满足达西定律，其运动方程可写为

裂缝：
$$v_f = -3.6 \frac{K_f}{\mu} \mathrm{grad} p_f \tag{4-35}$$

基岩：
$$v_m = -3.6 \frac{K_m}{\mu} \mathrm{grad} p_m \tag{4-36}$$

式中，μ 为流体黏度，mPa·s；v_m、v_f 分别为基质岩块、裂缝系统流体渗流速度，m/h；p_m、p_f 分别为基质岩块、裂缝系统的压力，MPa。

2. 状态方程

与气体的压缩性相比，岩石的压缩性较小，可以忽略不计，因此储层条件下真实气体的状态方程如下：

$$\frac{p_f}{\rho_f} = \frac{RTZ}{M} \tag{4-37}$$

$$\frac{p_m}{\rho_m} = \frac{RTZ}{M} \tag{4-38}$$

3. 质量守恒方程

根据质量守恒定律，可以导出基质系统和裂缝系统中的质量守恒方程：

$$\frac{\partial(\phi_m \rho_m)}{\partial t} + \nabla(\rho_m v_m) + q_{ex} = 0 \tag{4-39}$$

$$\frac{\partial(\phi_f \rho_f)}{\partial t} + \nabla(\rho_f v_f) - q_{ex} = 0 \tag{4-40}$$

式中，q_{ex} 为基岩向裂缝的窜流量，kg/(m³·h)。

$$q_{ex} = \frac{3.6\alpha K_m \rho_0}{\mu}(p_m - p_f) \tag{4-41}$$

方程(4-41)表示单位时间内单位体积岩石中基质岩块与裂缝之间的流体质量交换，描述基岩向裂缝的拟稳态窜流。

4. 连续性方程

联立连续性方程、窜流方程、运动方程和状态方程，可得双重介质常规气藏水平井的渗流微分方程：

$$\frac{K_\mathrm{f}}{r^2}\frac{\partial}{\partial r}\left(r^2\frac{p_\mathrm{f}}{\mu Z}\frac{\partial p_\mathrm{f}}{\partial r}\right)+\frac{\alpha K_\mathrm{m}\rho_0(p_\mathrm{m}-p_\mathrm{f})}{\mu Z}=\frac{\phi_\mathrm{f}V_\mathrm{f}\mu(p_\mathrm{f})C_\mathrm{g}(p_\mathrm{f})}{3.6}\frac{p_\mathrm{f}}{\mu Z}\frac{\partial p_\mathrm{f}}{\partial t} \tag{4-42}$$

$$\frac{\alpha K_\mathrm{m}\rho_0(p_\mathrm{m}-p_\mathrm{f})}{\mu Z}+\frac{\phi_\mathrm{m}V_\mathrm{m}\mu(p_\mathrm{m})C_\mathrm{g}(p_\mathrm{m})}{3.6}\frac{p_\mathrm{m}}{\mu Z}\frac{\partial p_\mathrm{m}}{\partial t}=0 \tag{4-43}$$

引入拟压力：

$$\psi_\mathrm{f}=\int_{p_0}^{p_\mathrm{f}}\frac{2p}{\mu Z}\mathrm{d}p \tag{4-44}$$

$$\psi_\mathrm{m}=\int_{p_0}^{p_\mathrm{m}}\frac{2p}{\mu Z}\mathrm{d}p \tag{4-45}$$

则式(4-42)可以写为

$$\frac{K_\mathrm{f}}{r^2}\frac{\partial}{\partial r}\left(r^2\frac{\partial\psi_\mathrm{f}}{\partial r}\right)+\frac{2\alpha K_\mathrm{m}p_0(p_\mathrm{m}-p_\mathrm{f})}{\mu Z}=\frac{\phi_\mathrm{f}V_\mathrm{f}\mu(p_\mathrm{f})C_\mathrm{g}(p_\mathrm{f})}{3.6}\frac{\partial\psi_\mathrm{f}}{\partial t} \tag{4-46}$$

式(4-43)可以写成：

$$\frac{2\alpha K_\mathrm{m}p_0(p_\mathrm{m}-p_\mathrm{f})}{\mu Z}+\frac{\phi_\mathrm{m}V_\mathrm{m}\mu(p_\mathrm{m})C_\mathrm{g}(p_\mathrm{m})}{3.6}\frac{\partial\psi_\mathrm{m}}{\partial t}=0 \tag{4-47}$$

式(4-41)中，窜流项还是压力的形式，为了求解偏微分方程组，必须将之化为拟压力的形式。

由

$$\begin{aligned}\psi_\mathrm{m}-\psi_\mathrm{f}&=\int_{p_0}^{p_\mathrm{m}}\frac{2p}{\mu Z}\mathrm{d}p-\int_{p_0}^{p_\mathrm{f}}\frac{2p}{\mu Z}\mathrm{d}p\approx 2p_0\left(\int_{p_0}^{p_\mathrm{m}}\frac{1}{\mu Z}\mathrm{d}p-\int_{p_0}^{p_\mathrm{f}}\frac{1}{\mu Z}\mathrm{d}p\right)\\&=\frac{2}{\mu Z}(p_0p_\mathrm{m}-p_0p_\mathrm{f})\end{aligned} \tag{4-48}$$

则有如下关系式：

$$\frac{2\alpha K_\mathrm{m}p_0}{\mu Z}(p_\mathrm{m}-p_\mathrm{f})=\frac{2\alpha K_\mathrm{m}}{\mu Z}(p_0p_\mathrm{m}-p_0p_\mathrm{f})\approx\alpha K_\mathrm{m}(\psi_\mathrm{m}-\psi_\mathrm{f}) \tag{4-49}$$

由于方程(4-47)和方程(4-49)中的 μ 和 C_g 均是关于压力的函数，取 $\mu(p)=\mu_\mathrm{gi}$，$C_\mathrm{g}(p)=C_\mathrm{gi}$ 对其进行线性化，得

$$\frac{k_\mathrm{f}}{r}\frac{\partial}{\partial r}\left(r\frac{\partial\psi_\mathrm{f}}{\partial r}\right)+K_\mathrm{fv}\frac{\partial^2\psi_\mathrm{f}}{\partial z^2}+\alpha K_\mathrm{m}(\psi_\mathrm{m}-\zeta_\mathrm{f})=\frac{\phi_\mathrm{f}V_\mathrm{f}\mu_\mathrm{gi}C_\mathrm{gi}}{3.6}\frac{\partial\psi_\mathrm{f}}{\partial t} \tag{4-50}$$

$$\alpha K_\mathrm{m}(\psi_\mathrm{m}-\psi_\mathrm{f})+\frac{\phi_\mathrm{m}V_\mathrm{m}\mu_\mathrm{gi}C_\mathrm{gi}}{3.6}\frac{\partial\psi_\mathrm{m}}{\partial t}=0 \tag{4-51}$$

其中，μ_gi、C_gi 分别为天然气在原始气藏温度压力下的黏度和压缩系数。

式(4-50)和式(4-51)就是气体在裂缝-孔隙型双重介质鲕滩气藏中渗流的基本微分方程。定义以下参数。

窜流系数：

$$\lambda=xL^2\frac{K_\mathrm{m}}{K_\mathrm{f}}$$

储容比：

$$\omega = \frac{(\phi C_t)_f}{(\phi C_t)_f + (\phi C_t)_m}$$

无因次压力：
$$\psi_{fD} = \frac{\pi K_f h T_{sc}}{p_{sc} q_{sc}(t) T}(\psi_i - \psi_f), \quad \psi_{mD} = \frac{\pi K_f h T_{sc}}{p_{sc} q_{sc}(t) T}(\psi_i - \psi_m)$$

无因次距离：
$$x_D = \frac{x}{l}, \quad y_D = \frac{y}{l}, \quad z_D = \frac{z}{l}, \quad h_D = \frac{h}{l}$$

无因次时间：
$$t_{Dfm} = \frac{K_f t}{(\phi C_t)_{f+m} \mu L^2}, \quad t_{Df} = \frac{K_f t}{(\phi C_t)_f \mu L^2}$$

则无因次数学模型为

$$\nabla^2 \psi_{fD} = \frac{\omega}{L^2} \frac{\partial \psi_{fD}}{\partial t_{Dfm}} + \frac{(1+\omega)}{L^2} \frac{\partial \psi_{mD}}{\partial t_{Dfm}} \tag{4-52}$$

$$(1-\omega) \frac{\partial \psi_{mD}}{\partial t_{Dfm}} = \lambda(\psi_{fD} - \psi_{mD}) \tag{4-53}$$

4.2.3 鲕滩气藏瞬时点源函数基本解

鲕滩气藏无因次数学模型为

$$\nabla^2 \psi_{fD} = \frac{\omega}{L^2} \frac{\partial \psi_{fD}}{\partial t_{Dfm}} + \frac{(1+\omega)}{L^2} \frac{\partial \psi_{mD}}{\partial t_{Dfm}} \tag{4-54}$$

$$(1-\omega) \frac{\partial \psi_{mD}}{\partial t_{Dfm}} = \lambda(\psi_{fD} - \psi_{mD}) \tag{4-55}$$

鲕滩气藏瞬时点源基本解为

$$\bar{\gamma} = \exp\left(-r_D \sqrt{uf(u)}\right) / (4\pi L^3 r_D) \tag{4-56}$$

式中，
$$f(u) = \frac{\lambda + \omega(1-\omega)u}{\lambda + (1-\omega)u}$$

根据前面的推导，利用级数函数性质、泊松叠加公式、拉普拉斯变换等方法对考虑顶底边界条件瞬时点源函数进行化简，鲕滩气藏的瞬时源函数基本解为

$$\bar{\gamma} = \frac{1}{2\pi Z_{eD}}\left[K_0\left(R_D\sqrt{f(u)}\right) + 2\sum_{n=1}^{n=\infty} K_0\left(R_D\sqrt{f(u) + \frac{n^2\pi^2}{Z_{eD}^2}}\right) \cos\left(n\pi \frac{Z_D}{Z_{eD}}\right) \cos\left(n\pi \frac{Z_D'}{Z_{eD}}\right)\right] \tag{4-57}$$

通过前面的数学变换，获得了不同顶底边界的油藏瞬时点源基本解，通过将基本解沿井筒方向进行积分，就可以获得对应的井底压力响应数学模型。对于直井而言，假设 $2L_h$ 为直井长度，q 表示井筒中的流体流量，将瞬时点源基本解沿 Z 方向进行积分，就可以获得鲕滩气藏井底压力响应函数。顶底封闭的鲕滩气藏井底压力响应函数为

$$\Delta \overline{\psi} = \frac{\mu L}{2\pi K Z_{eD}} \left\{ \int_{-L_h/l}^{L_h/l} \overline{\overline{q}}(\overline{x}_{WD}, \overline{z}_{WD}) \left[\begin{array}{c} K_0\left(R_D\sqrt{f(u)}\right) + 2\sum_{n=1}^{n=\infty} \left(R_D\sqrt{f(u)+\frac{n^2\pi^2}{Z_{eD}^2}}\right) \\ \times \cos\left(n\pi \frac{Z_D}{Z_{eD}}\right)\cos\left(n\pi \frac{\alpha}{Z_{eD}}\right) \end{array} \right] \right\} d\alpha \quad (4\text{-}58)$$

定义无因次压力函数 $\psi_D(x_D, y_D, z_D, t_D) = \frac{2\pi Kh}{q\mu}[\psi_i - \psi(x, y, z, t)]$，鲕滩气藏无因次井底压力响应拉普拉斯解为

$$\overline{\psi}_D = \frac{1}{2u}\int_{-1}^{1} K_0\left(\sqrt{f(u)}\sqrt{x_D^2 + y_D^2}\right) d\alpha \\ + \frac{1}{u}\sum_{n=1}^{n=\infty} K_0\left(R_D\sqrt{f(u)+\frac{n^2\pi^2}{Z_{eD}^2}}\right)\cos(n\pi z_{wD})\int_{-1}^{1}\cos(n\pi\alpha) d\alpha \quad (4\text{-}59)$$

在考虑边水或断层等径向边界问题时一般采用 Muskat 方法进行化简，即压力响应函数由两部分组成：

$$\psi = P + G \quad (4\text{-}60)$$

式中，P 为只考虑顶底边界条件时的拟压力解，而 $P+G$ 同时满足顶底和径向边界条件。

Muskat 研究发现在考虑径向边界条件时，只需要在考虑顶底边界条件的基础上利用下式取代方程(4-59)中的 $K_0(\alpha R_D)$ 项，即可满足边界条件的要求。对于受断层影响的径向封闭边界，替换公式为

$$I_0(r_{eD}\varepsilon_n)\frac{K_1(r_{eD}\varepsilon_n)}{I_1(r_{eD}\varepsilon_n)}, \left.\frac{\partial \overline{\psi}}{\partial r_D}\right|_{r_D=r_{eD}} = 0 \quad (4\text{-}61)$$

对于受边水影响的径向定压边界条件，替换公式为

$$-I_0(r_{eD}\varepsilon_n)\frac{K_0(r_{eD}\varepsilon_n)}{I_0(r_{eD}\varepsilon_n)}, \left.\Delta \overline{\psi}\right|_{r_D=r_{eD}} = 0 \quad (4\text{-}62)$$

顶底和外边界封闭的鲕滩气藏井底压力响应函数拉普拉斯解为

$$\overline{\psi}_D = \frac{K_0\left(\sqrt{f(u)}\sqrt{x_D^2+y_D^2}\right) + I_0\left(r_{eD}\sqrt{x_D^2+y_D^2}\right)\dfrac{K_1\left(r_{eD}\sqrt{x_D^2+y_D^2}\right)}{I_1\left(r_{eD}\sqrt{x_D^2+y_D^2}\right)}}{u} \quad (4\text{-}63)$$

顶底封闭、外边界定压的鲕滩气藏井底压力响应函数拉普拉斯解为

$$\overline{\psi}_D = \frac{K_0\left(\sqrt{f(u)}\sqrt{x_D^2+y_D^2}\right) - I_0(r_{eD}\varepsilon_n)\dfrac{K_0\left(r_{eD}\sqrt{x_D^2+y_D^2}\right)}{I_0\left(r_{eD}\sqrt{x_D^2+y_D^2}\right)}}{u} \quad (4\text{-}64)$$

鲕滩气藏产能模型如下：

$$q = \frac{2\pi k_f h}{B\mu \overline{\psi}_{fD}}(\psi_i - \psi_f) \quad (4\text{-}65)$$

4.2.4 鲕滩气藏压力和产能响应特征

图 4-4 给出了鲕滩气藏双对数压力响应和压力导数曲线,从双对数曲线中可以发现直井渗流存在 3 个流动阶段:①早期纯井筒储集阶段,压力和压力导数曲线重合且斜率为 1;②双重介质拟稳态窜流阶段,该阶段主要反映裂缝系统到基质系统的拟稳态窜流过程,在压力导数双对数图上具体表现为压力导数曲线出现了一个明显的下凹;③中期径向流动阶段,在压力导数双对数图上具体表现为压力导数曲线出现水平段且值为 0.5,该阶段反映了水平方向上的径向流动。

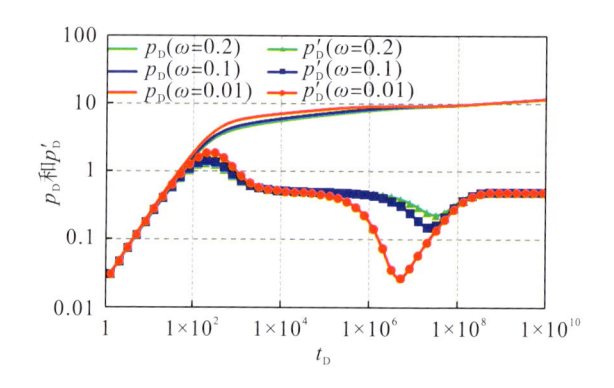

图 4-4 储容比 ω 对井底压力响应的影响

图 4-4 是储容比 ω 对鲕滩气藏井底压力动态的影响关系图。ω 越小,关系曲线过渡段越长,下凹越深。从 ω 的定义可知,当 ω 越小时,$\phi_1 C_1$ 越大或 $\phi_2 C_2$ 越小,说明基质孔隙相对发育而裂缝孔隙较差,基质岩块向裂缝补充流体,需要较长的时间才能使基质岩块的压力与裂缝的压力同步下降,所以基质孔隙越发育,所需时间越长,关系曲线过渡段延伸越长。反之,当 ω 越大时,$\phi_1 C_1$ 越小或 $\phi_2 C_2$ 越大,即基质孔隙不发育而裂缝孔隙发育,基质向裂缝供给流体,仅需较短的时间就能使基质岩块的压力与裂缝的压力同步下降,所以关系曲线过渡段越短。

图 4-5 给出了表皮系数对鲕滩气藏无因次产能双对数坐标的影响关系及表皮系数对鲕滩气藏无因次产能笛卡儿坐标的影响关系。由图可知,表皮系数 S 对产量的影响主要体现在排采阶段的初期,表皮系数越大,过渡流动段的驼峰越高,无因次产量曲线值就越大,中后期产量导数曲线基本重合。

图 4-6 是边界大小对鲕滩气藏无因次产能双对数坐标的影响关系图及边界大小对鲕滩气藏无因次产能笛卡儿坐标的影响关系图。由图可知,边界距离 r_{ed} 对产量的影响主要体现在排采阶段的中后期,影响中期产能及后期产能递减规律,边界距离越大,无因次产量曲线值越小,前中期产量曲线基本重合。

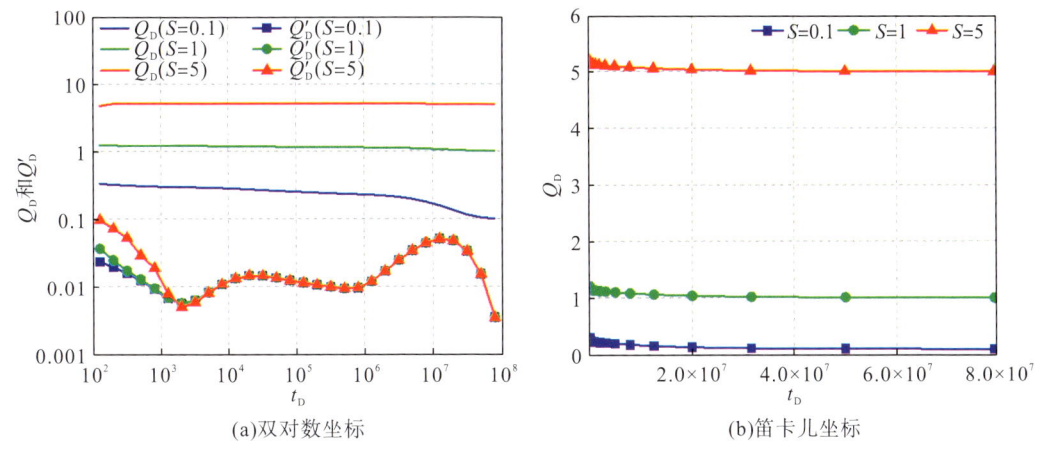

图 4-5 表皮系数对鲕滩气藏无因次产能的影响

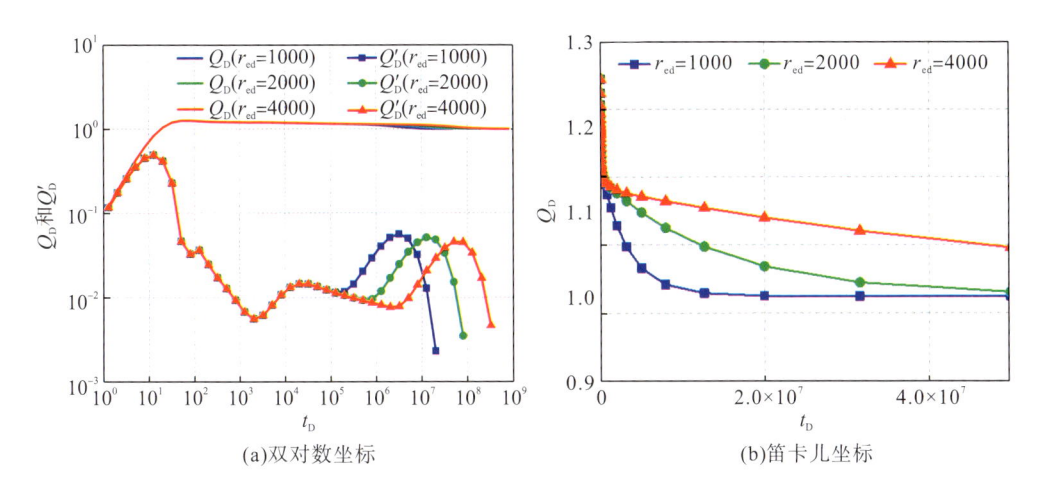

图 4-6 边界大小对鲕滩气藏无因次产能的影响

4.2.5 双重介质鲕滩气藏不规则边界渗流数学模型求解

1. 单一介质鲕滩气藏

1) 单一介质鲕滩气藏复杂边界形态边界积分方程

根据建立边界积分方程时对基本解的利用方式不同，边界元法可分为两种基本类型：直接法和间接法[80]。直接法是用具有明确物理意义的变量来建立边界积分方程，从这个方程解出来的就是未知的边界值。间接法则不用边界的待解边界值作为未知函数，而是在无限大区域内沿着该问题的计算边界配置某种点源分布函数作为间接的待解变量，它对计算区域的影响是一系列点源影响函数（基本解）的叠加[81]。间接法的待解点源分布函数虽然往往是虚构的，但其计算效果与直接法完全相同，而公式比较简单。本书选用直接法求解复杂气藏系统渗流问题。应用边界元理论求解渗流问题时，其边界元基本解应满足方程：

$$\nabla^2 G(P,Q,u) - uG(P,Q,u) + \delta(P,Q) = 0 \tag{4-66}$$

对于 P 点，其压力响应函数 $P_D(P,u)$ 应满足油藏渗流微分方程：

$$\nabla^2 P_D(P,u) - u P_D(P,u) + \frac{1}{u}\sum_{i=1}^{N_w} q_{Di}\delta(x_D - x_{Di}, y_D - y_{Di}) = 0 \tag{4-67}$$

将方程(4-66)和方程(4-67)两端分别乘以 $P_D(P,u)$、$G(P,Q,u)$，可以得到：

$$P_D(P,u)\nabla^2 G(P,Q,u) - u G(P,Q,u)P_D(P,u) + \delta(P,Q)P_D(P,u) = 0 \tag{4-68}$$

$$\begin{aligned}&G(P,Q,u)\nabla^2 P_D(P,u) - u P_D(P,u)G(P,Q,u)\\ &+\frac{1}{u}\sum_{i=1}^{N_w}q_{Di}\delta(x_D - x_{Di},y_D - y_{Di})G(P,Q,u) = 0\end{aligned} \tag{4-69}$$

用式(4-68)减去式(4-69)，并在研究区域内积分可以得到：

$$\begin{aligned}\int_\Omega \Big[&P_D(P,u)\nabla^2 G(P,Q,u) - G(P,Q,u)\nabla^2 P_D(P,u) + \delta(P,Q)P_D(P,u)\\ &-\frac{1}{u}\sum_{i=1}^{N_w}q_{Di}\delta(x_D - x_{Di},y_D - y_{Di})G(P,Q,u)\Big]d\Omega = 0\end{aligned} \tag{4-70}$$

利用 δ 函数的性质将式(4-70)化简，可以得到区域积分公式：

$$\begin{aligned}&\int_\Omega \Big[P_D(P,u)\nabla^2 G(P,Q,u) - G(P,Q,u)\nabla^2 P_D(P,u)\Big]d\Omega\\ &+P_D(P,u) - \frac{1}{u}\sum_{i=1}^{N_w}q_{Di}G(P,Q,u) = 0\end{aligned} \tag{4-71}$$

利用格林第二公式：

$$\int_\Omega \left(\theta \nabla^2 u - u\nabla^2 \theta\right)d\Omega = \int_\Gamma \left(\theta \frac{\partial u}{\partial n} - u\frac{\partial \theta}{\partial n}\right)d\Gamma \tag{4-72}$$

则区域积分公式(4-71)可以简化为边界上的积分公式(4-73)：

$$\begin{aligned}&\int_\Gamma \Big[P_D(P',u)\frac{\partial G(P',Q_k,u)}{\partial n} - G(P',Q_k,u)\frac{\partial P_D(P',u)}{\partial n}\Big]d\Gamma(P')\\ &+P_D(Q_k,u) - \frac{1}{u}\sum_{i=1}^{N_w}q_{Di}G(P,Q_i,u) = 0\end{aligned} \tag{4-73}$$

通过移项得到边界积分方程的表达式：

$$\begin{aligned}P_D(Q_k,u) =& \int_\Gamma \Big[G(P,Q_k,u)\frac{\partial P_D(P',u)}{\partial n} - P_D(P,u)\frac{\partial G(P',Q_k,u)}{\partial n}\Big]d\Gamma(P')\\ &+\frac{1}{u}\sum_{i=1}^{N_w}q_{Di}G(P,Q_i,u)\end{aligned} \tag{4-74}$$

将边界 Γ 分割成 N_b 个单元，将单元的端点作为边界元的节点（G 和 P 代表的点），假设单元内的点按线性规律分布，为避免单元节点成为奇异点，把节点附近的边界看成以节点为中心的一段圆弧，则边界 Γ 分割后其边界积分方程可以表示为

$$\begin{aligned}\theta_k P_D(Q_k,u) =& \sum_{i=1}^{N_b}\int_{\Gamma_i}\Big[G(P',Q_k,u)\frac{\partial P_D(P',u)}{\partial n} - P_D(P',u)\frac{\partial G(P',Q_k,u)}{\partial n}\Big]d\Gamma_i(P')\\ &+\frac{1}{u}\sum_{i=1}^{N_w}q_{Di}G(P,Q_i,u)\end{aligned} \tag{4-75}$$

其中，θ_k 是与边界节点处几何形状有关的常数，定义 β_k 为边界 Γ_{k-1} 与 Γ_k 的内角。

第 4 章　川东北地区飞仙关组鲕滩气藏产能评价技术

$$\theta_k = \begin{cases} 1, & \text{域内问题}\beta_k=2\pi \\ 0.5, & \text{光滑边界}\beta_k=\pi \\ \dfrac{\beta_k}{2\pi}, & \text{非光滑边界} \end{cases}$$

2) 单一介质鲕滩气藏复杂边界形态边界积分方程的求解

在积分单元 Γ_i 上建立无因次局部坐标系 ξ，坐标原点位于中点 $(x_{i+1/2}, y_{i+1/2})$，坐标轴的正向指向节点的反方向。

$$\xi = \frac{2l}{l_i} \tag{4-76}$$

其中，l 为距坐标原点的距离；l_i 为线性元 Γ_i 的长度；$-1<\xi<1$。

$$l_i = \sqrt{(x_{i+1}-x_i)^2 + (y_{i+1}-y_i)^2} \tag{4-77}$$

$$l = \sqrt{(x-x_{(i+1)/2})^2 + (y-y_{(i+1)/2})^2} \tag{4-78}$$

$$x_{(i+1)/2} = \frac{x_i+x_{i+1}}{2}, \quad y_{(i+1)/2} = \frac{y_i+y_{i+1}}{2} \tag{4-79}$$

由于函数 P_D 在单元段内按线性规律变化，利用线性插值公式可以得到任意一点的 P_D 值：

$$P_D(\xi) = \frac{P_{Di+1}+P_{Di}}{2} + \frac{P_{Di+1}-P_{Di}}{2}\xi \tag{4-80}$$

$$P_D(\xi) = \phi_1(\xi)P_{Di} + \phi_2(\xi)P_{Di+1} \tag{4-81}$$

其中，P_{Di}、P_{Di+1} 为边界单元上 Γ_i 两端点的函数值。

$$\phi_1(\xi) = \frac{1-\xi}{2}, \quad \phi_2(\xi) = \frac{1+\xi}{2} \tag{4-82}$$

将式(4-82)代入边界积分公式(4-75)得

$$\theta_k P_D(Q_k,u) = \sum_{i=1}^{N_b} \int_{\Gamma_i} \left[G(P',Q_k,u)\left(\phi_1(\xi)\frac{\partial P_{Di}}{\partial n} + \phi_2(\xi)\frac{\partial P_{Di+1}}{\partial n}\right) \right. \\ \left. - (\phi_1(\xi)P_{Di}+\phi_2(\xi)P_{Di+1})\frac{\partial G(P',Q_k,u)}{\partial n} \right] d\Gamma_i(P') + \frac{1}{u}\sum_{i=1}^{N_w} q_{Di} G(P,Q_i,u) \tag{4-83}$$

根据坐标 x、y 的插值公式：

$$x(\xi) = \phi_1(\xi)x_i + \phi_2(\xi)x_{i+1}, \quad y(\xi) = \phi_1(\xi)y_i + \phi_2(\xi)y_{i+1} \tag{4-84}$$

再由坐标变换公式得

$$d\Gamma = \sqrt{dx^2+dy^2}\,d\xi = \sqrt{\left(\frac{x_{i+1}-x_i}{2}\right)^2 + \left(\frac{y_{i+1}-y_i}{2}\right)^2}\,d\xi = \frac{l_i}{2}d\xi \tag{4-85}$$

边界积分公式(4-83)可以变形为

$$\theta_k P_D(Q_k,u) = \sum_{i=1}^{N_b} \frac{l_i}{2} \int_{-1}^{1} \left[G(P',Q_k,u) \left(\phi_1(\xi) \frac{\partial P_{Di}}{\partial n} + \phi_2(\xi) \frac{\partial P_{Di+1}}{\partial n} \right) \right.$$
$$\left. - \left(\phi_1(\xi) P_{Di} + \phi_2(\xi) P_{Di+1} \right) \frac{\partial G(P',Q_k,u)}{\partial n} \right] d\xi + \frac{1}{u} \sum_{i=1}^{N_w} q_{Di} G(P',Q_i,u) \quad (4\text{-}86)$$

定义：

$$H'_1 = \frac{l_i}{2}\int_{-1}^{1} G(P',Q_k,u)\phi_1(\xi)\mathrm{d}\xi, \quad H'_2 = \frac{l_i}{2}\int_{-1}^{1} G(P',Q_k,u)\phi_2(\xi)\mathrm{d}\xi,$$

$$H'_3 = \frac{l_i}{2}\int_{-1}^{1} -\frac{\partial G(P',Q_k,u)}{\partial n}\phi_1(\xi)\mathrm{d}\xi, \quad H'_4 = \frac{l_i}{2}\int_{-1}^{1} \frac{\partial G(P',Q_k,u)}{\partial n}\phi_2(\xi)\mathrm{d}\xi$$

边界积分方程(4-86)可以简化为

$$\theta_k P_D(Q_k,u) = \sum_{i=1}^{N_b} \left(H'_{k1} \frac{\partial P_{Di}}{\partial n} + H'_{k2} \frac{\partial P_{Di+1}}{\partial n} + H'_{k3} P_{Di} + H'_{k4} P_{Di+1} \right) + \frac{1}{u} \sum_{i=1}^{N_w} q_{Di} G(P',Q,u) \quad (4\text{-}87)$$

从边界积分方程(4-87)可以看出，未知变量为$\partial P_{Di}/\partial n$和$P_{Di}$，由于边界元$\Gamma$上有$N_b$个节点，因此就有$N_b$个方程。而在边界性质已知的情形下只有$N_b$个未知变量，因此方程组是有解的。方程组的矩阵表达式如下：

$$\begin{bmatrix} a_{11} & a_{12} & \cdots & a_{1N_b} \\ a_{21} & a_{22} & \cdots & a_{2N_b} \\ \vdots & \vdots & & \vdots \\ a_{N_b1} & a_{N_b2} & \cdots & a_{N_bN_b} \end{bmatrix} \begin{bmatrix} x_1 \\ x_2 \\ \vdots \\ x_{N_b} \end{bmatrix} = \begin{bmatrix} F_1 \\ F_2 \\ \vdots \\ F_{N_b} \end{bmatrix} \quad (4\text{-}88)$$

其中，x_i为$\partial P_{Di}/\partial n$或$P_{Di}$；$F_i$为包含$\frac{1}{u}\sum_{i=1}^{N_w} q_{Di} G(P',Q,u)$及其他已知项的常数项。

一旦未知的边界变量被计算出来，就可以利用边界积分方程(4-87)计算研究区域内任意一点的P_D值：

$$P_D(Q,u) = \sum_{i=1}^{N_b} \left(H'_{k1} \frac{\partial P_{Di}}{\partial n} + H'_{k2} \frac{\partial P_{Di+1}}{\partial n} + H'_{k3} P_{Di} + H'_{k4} P_{Di+1} \right) + \frac{1}{u} \sum_{i=1}^{N_w} q_{Di} G(P',Q,u) \quad (4\text{-}89)$$

3)边界积分方程求解过程中的注意点

(1)外法线向量计算。

设点$P_i(x_i,y_i)$和$P_{i+1}(x_{i+1},y_{i+1})$是边界元Γ_i的两个端点(图4-7)，点$P'(x_\xi,y_\xi)$是边界元内的任意一点，点$M(x,y)$为研究域内的任意一点，则利用三点坐标关系不难得出：

$$\frac{\partial r_D}{\partial n} = \frac{h_{Di}}{r_{D\xi}} \quad (4\text{-}90)$$

其中，

$$r_{D\xi} = \sqrt{(x_\xi - x_i)^2 + (y_\xi - y_i)^2}, \quad |h_{Di}| = \left| \frac{(x_\xi - x)(y_i - y_{i+1}) - (y_\xi - y)(x_i - x_{i+1})}{\sqrt{(x_i - x_{i+1})^2 + (y_i - y_{i+1})^2}} \right| \quad (4\text{-}91)$$

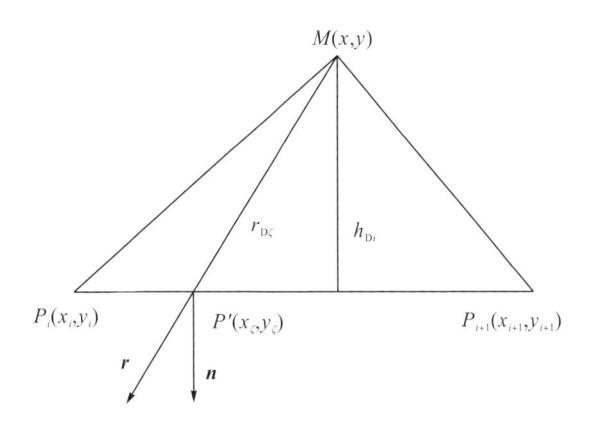

图4-7 外法线向量计算示意图

如果外法向向量 $\boldsymbol{n}$ 与 MP' 的方向位于边界元 Γ_i 的同侧，则 h_{Di} 值为正，否则为负。具体的判断准则为

$$fc = (x_i - x_k)(y_{i+1} - y_k) - (y_i - y_k)(x_{i+1} - x_k) \tag{4-92}$$

(2)边界积分方程中的系数矩阵项计算。

采用七点高斯积分公式进行边界积分方程系数项的计算，其具体表达式为

$$\int_{-1}^{1} f(\xi) \mathrm{d}\xi = \sum_{i=1}^{7} \omega_i f(\xi_i) \tag{4-93}$$

七点高斯积分公式对应的 ω_i 和 ξ_i 值见表4-1。

表4-1 七点高斯积分公式参数表

点	积分点坐标 ξ_i	加权系数 ω_i
1	0.949107912	0.129484966
2	0.741531186	0.279705391
3	0.405845151	0.381830051
4	0	0.417959184
5	0.405845151	0.381830051
6	0.741531186	0.279705391
7	0.949107912	0.129484966

系数项积分可以按如下公式计算：

$$H_1' = \frac{l_i}{2}\int_{-1}^{1} G(P',Q_k,u)\phi_1(\xi)\mathrm{d}\xi = \frac{l_i}{2}\sum_{i=1}^{7}\omega_i K_0\left(r_D(P_{\xi_i}',Q_k)\sqrt{u}\right)\phi_1(\xi_i) \tag{4-94}$$

$$H_2' = \frac{l_i}{2}\int_{-1}^{1} G(P',Q_k,u)\phi_2(\xi)\mathrm{d}\xi = \frac{l_i}{2}\sum_{i=1}^{7}\omega_i K_0 r_D(P_{\xi_i}',Q_k)\phi_2(\xi_i) \tag{4-95}$$

$$H'_3 = \frac{l_i}{2}\int_{-1}^{1} -\frac{\partial G(P',Q_k,u)}{\partial \boldsymbol{n}}\phi_1(\xi)\mathrm{d}\xi$$
$$= \frac{l_i}{2}\sum_{i=1}^{7}\omega_i\phi_1(\xi_i)\sqrt{u}K_1\left(r_{\mathrm{D}}(P'_{\xi_i},Q_k)\sqrt{u}\right)\frac{\partial r_{\mathrm{D}}}{\partial \boldsymbol{n}} \quad (4\text{-}96)$$

$$H'_4 = \frac{l_i}{2}\int_{-1}^{1} -\frac{\partial G(P',Q_k,u)}{\partial \boldsymbol{n}}\phi_2(\xi)\mathrm{d}\xi$$
$$= \frac{l_i}{2}\sum_{i=1}^{7}\omega_i\phi_2(\xi_i)\sqrt{u}K_1\left(r_{\mathrm{D}}(P'_{\xi_i},Q_k)\sqrt{u}\right)\frac{\partial r_{\mathrm{D}}}{\partial \boldsymbol{n}} \quad (4\text{-}97)$$

式中，P_{ξ_i} 的坐标为 (x_{ξ_i},y_{ξ_i})，其具体表达式可以通过线性插值公式得到：

$$x_{\xi_i} = \phi_1(\xi_i)x_i + \phi_2(\xi_i)x_{i+1} \quad (4\text{-}98)$$
$$y_{\xi_i} = \phi_1(\xi_i)y_i + \phi_2(\xi_i)y_{i+1} \quad (4\text{-}99)$$

2. 双重介质鲕滩气藏复杂边界形态边界积分方程的基本解

1) 双重介质鲕滩气藏复杂边界形态边界元的基本解

通过级数函数性质、镜像叠加原理、泊松公式对基本解进行化简，得到双重介质鲕滩气藏复杂边界形态边界元的基本解：

$$G(P',Q,u) = K_0\left(r_{\mathrm{D}}\sqrt{f(u)}\right) \quad (4\text{-}100)$$

对基本解进行外法线向量求偏导得

$$\frac{\partial G(P',Q,u)}{\partial \boldsymbol{n}} = -\sqrt{f(u)}K_1\left(r_{\mathrm{D}}\sqrt{f(u)}\right)\frac{\partial r_{\mathrm{D}}}{\partial \boldsymbol{n}},$$
$$h_{\mathrm{D}i} = \begin{cases} +|h_{\mathrm{D}i}|, & fc>0 \\ -|h_{\mathrm{D}i}|, & fc<0 \end{cases} \quad (4\text{-}101)$$

与完全射孔直井类似，双重介质鲕滩气藏复杂边界形态渗流问题求解的关键在于边界元基本解的求取。利用前面格林函数和源函数的性质，通过开尔文(Lord Kelvin)点源解、镜像叠加原理和泊松叠加公式可以获得双重介质鲕滩气藏复杂边界形态边界元的基本解：

$$G = K_0(\beta_0 r_{\mathrm{D}}) + \frac{2}{\pi^2 h^2_{\mathrm{pD}}}\sum_{n=1}^{\infty}\frac{\varGamma_{\mathrm{sn}}^2}{\boldsymbol{n}^2}K_0(\beta_n r_{\mathrm{D}}) \quad (4\text{-}102)$$

$$\frac{\partial G}{\partial \boldsymbol{n}} = -\beta_0 K_1(\beta_0 r_{\mathrm{D}})\frac{\partial r_{\mathrm{D}}}{\partial \boldsymbol{n}} - \frac{2}{\pi^2 h^2_{\mathrm{pD}}}\sum_{n=1}^{\infty}\beta_n\frac{\varGamma_{\mathrm{sn}}^2}{\boldsymbol{n}^2}K_1(\beta_n r_{\mathrm{D}})\frac{\partial r_{\mathrm{D}}}{\partial \boldsymbol{n}} \quad (4\text{-}103)$$

$$\frac{\partial r_{\mathrm{D}}}{\partial \boldsymbol{n}} = \frac{h_{\mathrm{D}i}}{r_{\mathrm{D}\xi}} \quad (4\text{-}104)$$

式中，

$$\beta_n^2 = f(u) + \frac{n^2\pi^2}{h_{\mathrm{D}}^2},\quad \varGamma_{\mathrm{sn}} = \sin[n\pi(h_{\mathrm{1D}}+h_{\mathrm{pD}})] - \sin(n\pi h_{\mathrm{1D}}),$$

$$r_{\mathrm{D}\xi} = \sqrt{(x_\xi - x_i)^2 + (y_\xi - y_i)^2},\quad |h_{\mathrm{D}i}| = \left|\frac{(x_\xi - x)(y_i - y_{i+1}) - (y_\xi - y)(x_i - x_{i+1})}{\sqrt{(x_i - x_{i+1})^2 + (y_i - y_{i+1})^2}}\right|$$

如果外法向向量 $\boldsymbol{n}$ 与 MP' 的方向位于边界元 $\varGamma_i$ 的同侧，则 $h_{\mathrm{D}i}$ 值为正，否则为负。具

体的判断准则为

$$fc = (x_i - x_k)(y_{i+1} - y_k) - (y_i - y_k)(x_{i+1} - x_k),$$
$$h_{Di} = \begin{cases} +|h_{Di}|, & fc>0 \\ -|h_{Di}|, & fc<0 \end{cases} \quad (4\text{-}105)$$

2) 双重介质鲕滩气藏复杂边界形态压裂井边界元的基本解

通过级数函数性质、镜像叠加原理、泊松公式对基本解进行化简,得到双重介质鲕滩气藏复杂边界形态压裂井边界元的基本解:

$$G(P',Q,u) = \frac{1}{2}\int_{-1}^{1} K_0\left(R_D\sqrt{f(u)}\right)d\alpha \quad (4\text{-}106)$$

$$\frac{\partial G(P',Q,u)}{\partial \boldsymbol{n}} = -\frac{1}{2}\int_{-1}^{1} \sqrt{u}K_1\left[(r_D - \alpha)\sqrt{f(u)}\right]\frac{\partial r_D}{\partial \boldsymbol{n}}d\alpha \quad (4\text{-}107)$$

$$\frac{\partial r_D}{\partial \boldsymbol{n}} = \frac{h_{Di}}{r_{D\xi}} \quad (4\text{-}108)$$

式中,

$$r_{D\xi} = \sqrt{(x_\xi - x_i)^2 + (y_\xi - y_i)^2}, \quad |h_{Di}| = \left|\frac{(x_\xi - x)(y_i - y_{i+1}) - (y_\xi - y)(x_i - x_{i+1})}{\sqrt{(x_i - x_{i+1})^2 + (y_i - y_{i+1})^2}}\right|$$

如果边界处法向向量 $\boldsymbol{n}$ 与 MP' 的方向位于边界 Γ_i 的同侧,则 h_{Di} 值取正,否则取负,具体的计算准则为

$$fc = (x_i - x_k)(y_{i+1} - y_k) - (y_i - y_k)(x_{i+1} - x_k),$$
$$h_{Di} = \begin{cases} +|h_{Di}|, & fc>0 \\ -|h_{Di}|, & fc<0 \end{cases} \quad (4\text{-}109)$$

3. 双重介质鲕滩气藏不规则边界产能影响因素分析

为研究不同边界形状对双重介质鲕滩气藏复杂边界形态产能的影响,特设计了正方形、矩形、六边形、五角星形等多种边界,具体边界形态如图4-8～图4-11所示。利用边界元程序绘制了双重介质鲕滩气藏复杂边界形态无因次产能双对数曲线(图 4-12)。由图4-12可以看出,边界形态对产能和产能导数有一定影响,但影响幅度不大。

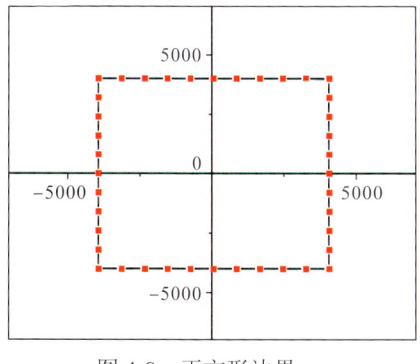

图 4-8　正方形边界　　　　　　　　图 4-9　矩形边界

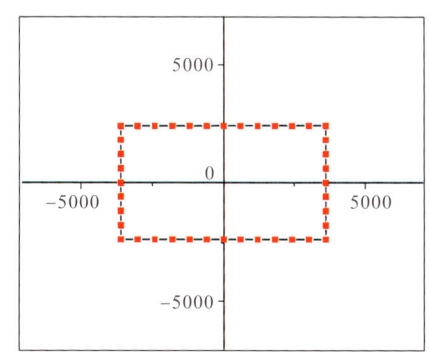

图 4-10 六边形边界

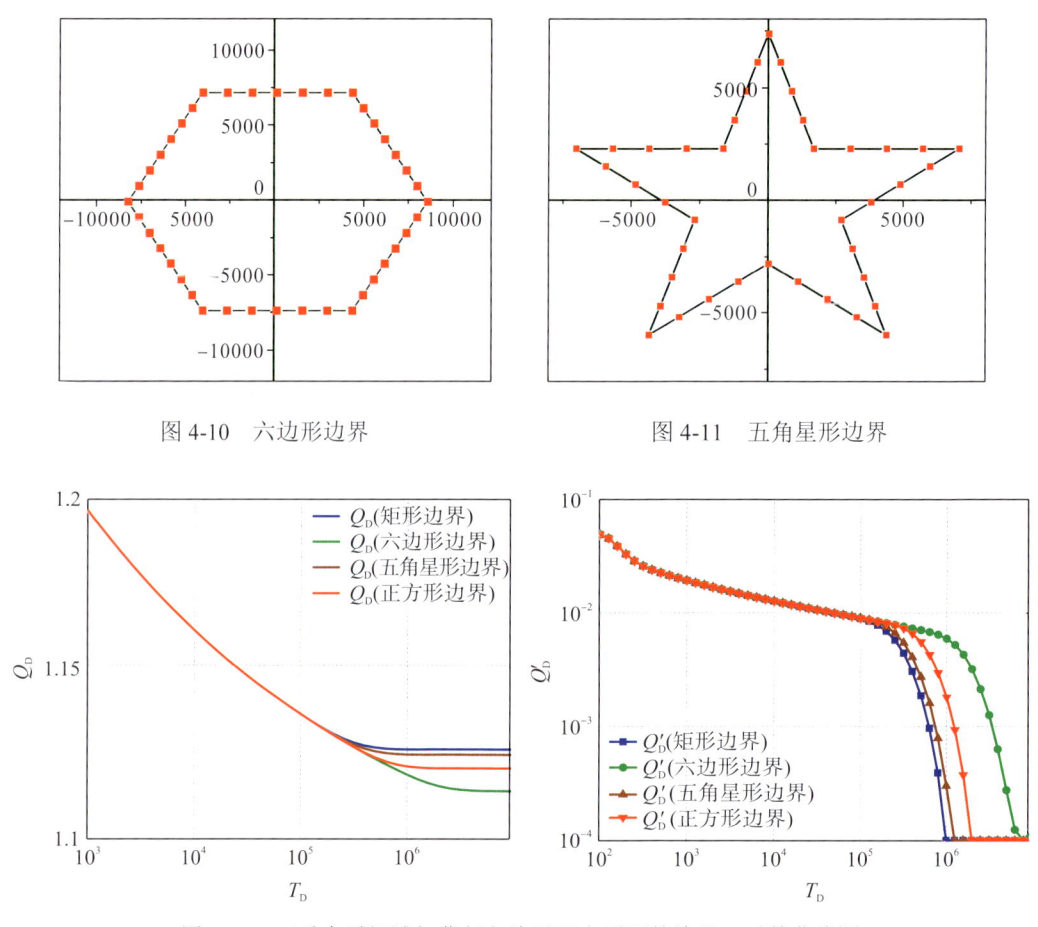

图 4-11 五角星形边界

图 4-12 双重介质鲕滩气藏复杂边界形态不同外边界双对数曲线图

图 4-13 是表皮系数对双重介质鲕滩气藏复杂边界形态无因次产量的影响关系图；图 4-14 是表皮系数对双重介质鲕滩气藏复杂边界形态无因次产量的影响关系图。由图可知，表皮系数对双重介质鲕滩气藏复杂边界形态无因次产量影响较小，表皮系数越大，无因次产量越高。

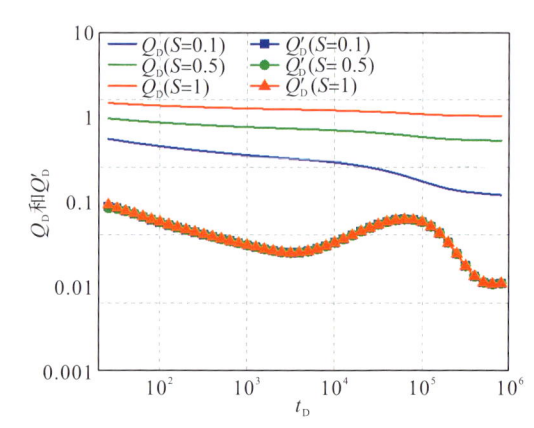

图 4-13 表皮系数对双重介质鲕滩气藏复杂边界形态产能的影响(双对数坐标)

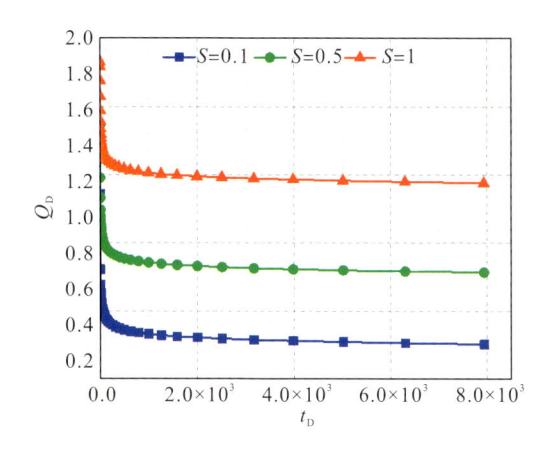

图 4-14　表皮系数对双重介质鲕滩气藏复杂边界形态产能的影响(笛卡儿坐标)

4.3　产能测试异常数据分析

产能测试是目前最为准确的评价气井产能的方法,不同类型的气藏适用的产能测试方法不同[82]。中、高渗气藏储层物性好,气井产气能力稳定,适用回压试井测试方法,而低渗气藏由于单井稳产能力差、供气差,因此主要采用等时试井和修正等时试井两种测试方法[83-85]。由于受到井筒积液、井眼净化等因素的影响,实际矿场测试数据会偏离理论结果,甚至与理论测试结果相悖。但测试数据是矿场较为宝贵的资料,因此本小节针对目前常见的矿场测试数据异常特征,提出了相应的识别与校正处理方法,可有效提升矿场测试资料的利用率[86]。

4.3.1　产能测试类型

1. 回压试井

对于气体的稳定渗流,以拟压力形式表示的二项式产能方程为

$$\psi(P_R) - \psi(P_{wf}) = Aq_{sc} + Bq_{sc}^2 \tag{4-110}$$

在低压下可以简化为压力平方形式表示:

$$P_R^2 - P_{wf}^2 = Aq_{sc} + Bq_{sc}^2 \tag{4-111}$$

式中,A、B 分别为描述达西流动(或层流)及非达西流动(或紊流)的系数。

气井测试过程中首先关井求得稳定的地层压力 P_R,然后采用 3~5 种工作制度,依次测得每种工作制度下的稳定产量和压力。在测试过程中一般先以一个较小的产量生产稳定后,测取稳定井底流压,然后增大产量,测取相应的稳定井底流压,如此改变多种工作制度。具体方法步骤如下。

(1)关井测地层压力和测试各确定的气井稳定工作制度下的压力和产量。

(2)按照二项式、指数式方程整理测试,如图 4-15 所示。

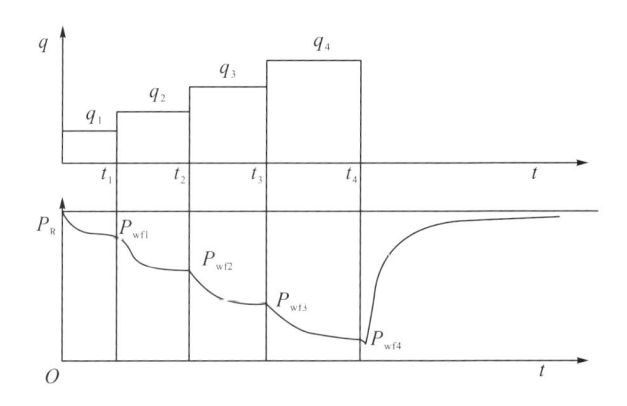

图 4-15 常规回压试井产量与压力的关系图

在直角坐标系中，作出 $[\psi(P_R)-\psi(P_{wf})]/q_{sc}$ 或 $(P_R^2-P_{wf}^2)/q_{sc}$ 与 q_{sc} 的关系曲线，将得到一条斜率为 B，截距为 A 的直线，称为二项式产能曲线，如图 4-16 所示。直线截距和斜率分别是二项式产能方程的系数 A 和 B。

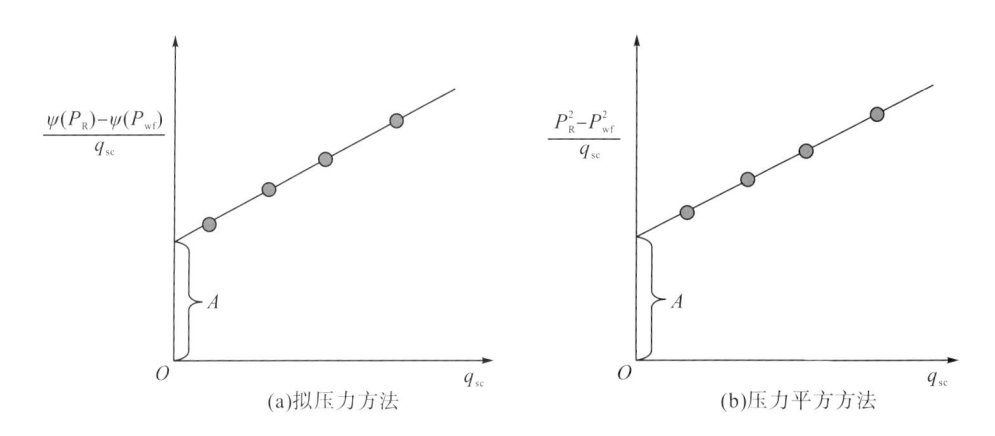

图 4-16 回压试井二项式产能测试曲线

在求得二项式产能方程的系数 A 和 B 后，即可求得气井无阻流量并预测某一井底流压下气井的产量。

拟压力方法计算气井无阻流量：

$$q_{AOF}=\frac{\sqrt{A^2+4B[\psi(P_R)-\psi(0.101)]}-A}{2B} \tag{4-112}$$

压力平方方法计算气井无阻流量：

$$q_{AOF}=\frac{\sqrt{A^2+4B\left[P_R^2-0.101^2\right]}-A}{2B} \tag{4-113}$$

2. 等时试井

如果气藏渗透性较差，回压试井需要很长的时间，则在地面管线尚未建成的情况下必然要浪费相当数量的天然气，此时可使用等时试井的方法测试气井的产能。气井等时试井测试产量和井底流压示意图如图 4-17 所示。

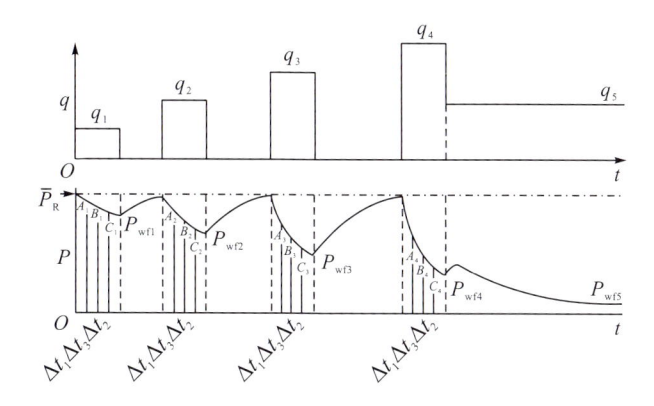

图 4-17 气井等时试井测试产量和井底流压示意图

气井等时试井的解释结果仍然要通过测试资料（q_{sci}、P_{wfi}、P_R）寻求直线关系，由直线的截距和斜率求取二项式产能方程的系数 A 和 B，其计算步骤如下。

（1）根据测试资料，在直角坐标系中，作出 $[\psi(P_R) - \psi(P_{wf})]/q_{sc}$ 或 $(P_R^2 - P_{wf}^2)/q_{sc}$ 与 q_{sc} 的关系曲线。对于等时测试点，将得到一条斜率为 B 的直线，称为二项式不稳定产能曲线，如图 4-18 所示。

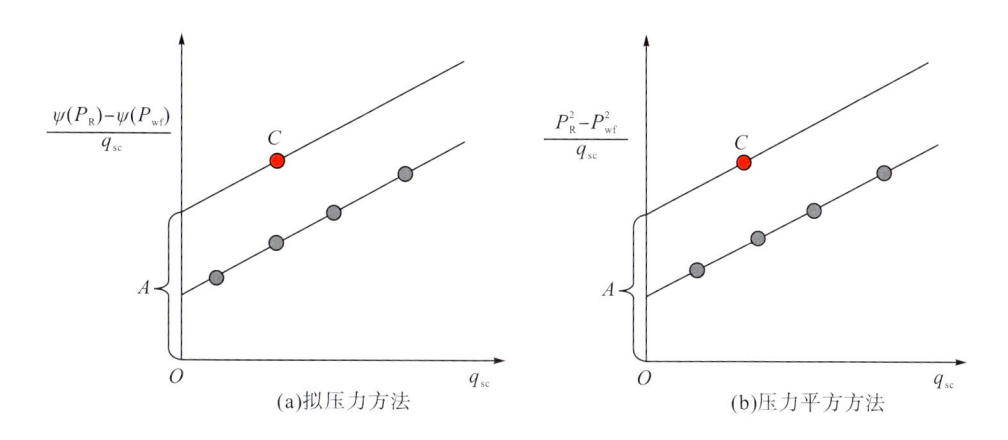

图 4-18 等时试井二项式产能分析曲线

（2）通过稳定点 C，作不稳定产能曲线的平行线，其纵截距就是二项式产能方程的系数 A。另外，也可直接将稳定点（q_{sc5}, P_{wf5}）的值代入二项式产能方程进行计算，求取系数 A。

拟压力形式：

$$A = \frac{\psi_R - \psi_{wf5} - Bq_{sc5}^2}{q_{sc5}} \tag{4-114}$$

压力平方形式：

$$A = \frac{p_R^2 - P_{wf5}^2 - Bq_{sc5}^2}{q_{sc5}} \quad (4\text{-}115)$$

在求得二项式产能方程的系数 A 和 B 后，可求得气井无阻流量并预测某一井底流压下气井的产量。

3. 修正等时试井

修正等时试井是对等时试井作进一步的简化。在等时试井中，各次生产之间的关井时间要求足够长，以使压力恢复到气藏静压，因此各次关井时间一般来说是不相等的。在修正等时试井中，各次关井时间相同（一般与生产时间相等，也可以与生产时间不相等，不要求压力恢复到静压），最后也以某一稳定产量生产较长时间，直至井底流压达到稳定。在修正等时试井过程中，气井的产量及井底压力变化曲线如图 4-19 所示。

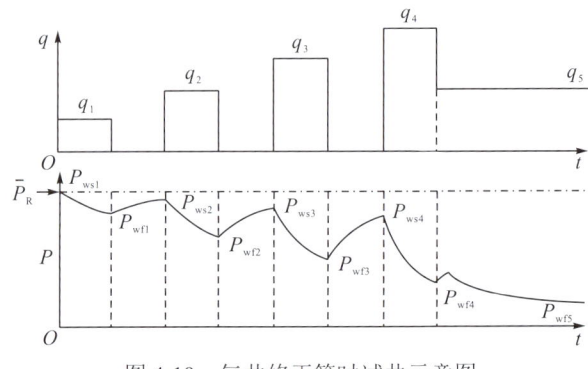

图 4-19 气井修正等时试井示意图

气井修正等时试井的解释结果仍然要通过测试资料（q_{sci}、P_{wfi}、P_{wsi}）寻求直线关系，由直线的斜率和截距求取二项式产能方程的系数 A 和 B。绘制 $[\psi(P_{wsi}) - \psi(P_{wfi})]/q_{sci}$、$(P_{wsi}^2 - P_{wfi}^2)/q_{sci}$ 与 q_{sc} 的关系曲线，其中 P_{wsi} 是第 i 次关井期末的关井井底压力，$i = 1, 2, 3, 4$。除此之外，产能方程的确定方法均和等时试井完全相同。修正等时试井二项式产能分析曲线如图 4-20 所示。

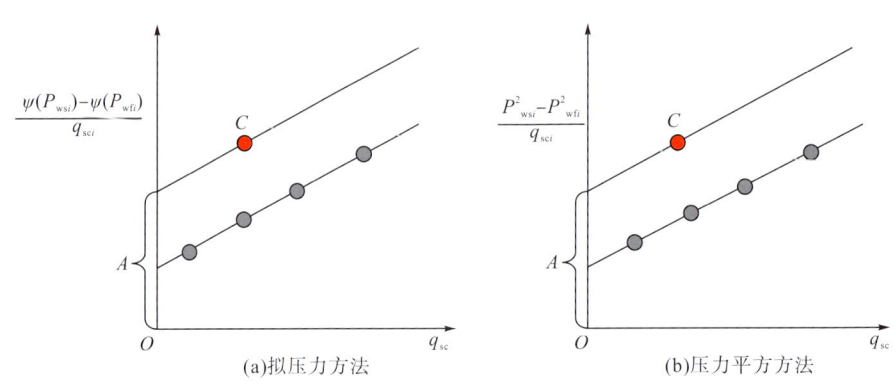

(a) 拟压力方法　　(b) 压力平方方法

图 4-20 修正等时试井二项式产能测试曲线

4.3.2 产能测试曲线类型分析

在试井测试过程中，气井产水等因素会导致实际测试得到的产能测试曲线偏离理论曲线，出现计算结果不准确甚至不能计算气井产能的情况。针对这些问题，本节介绍矿场常见的气井产能测试曲线分类及其异常情况，并给出了相应的产能测试资料异常数据修正方法。

1. 直线型产能测试曲线

当气井产出纯气或者气液比较高时，气井能够保持正产生产状态，这类气井的产能指示曲线（二项式、指数式）都呈现直线型（图4-21）。

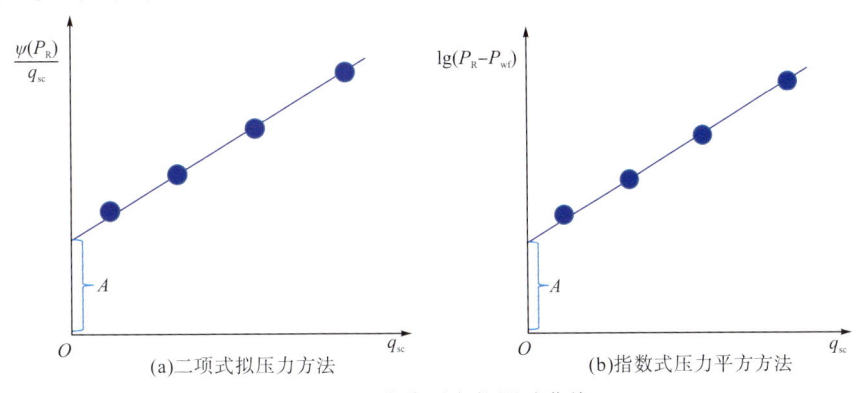

图4-21 直线型产能测试曲线

2. 上翘型产能测试曲线

上翘型产能测试曲线是矿场常见的异常类型之一。按照曲线特征可以将常规曲线分为上翘型和上翘反转型两类。这类测试曲线表征随着生产压差的增大，气井受到产水等因素的影响产出能力低于理论结果。

（1）测试时随产量增加，地层水侵入井底，引起水锥，井底附近渗透性能变差，当压差增大时气产量增加甚微；或井底堵塞，井壁垮塌；或测点未稳定。产能测试曲线向上弯曲，指数式产能测试曲线在产量较小时呈直线（图4-22）。

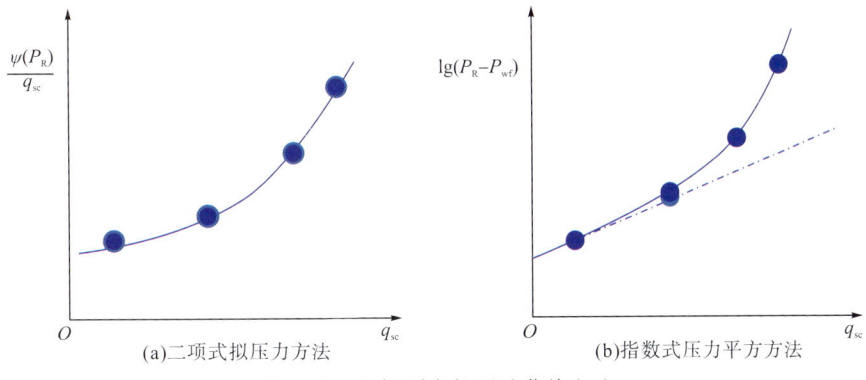

图4-22 上翘型产能测试曲线（一）

(2) 当水锥淹没产气有效层段时，气相渗透率严重降低，流体在气层和井筒内流动所受阻力增大，以致出现生产压差增大气量反而减小(水量增加)的现象，测试曲线发生倒转(图 4-23)。因此，气井的合理产量应控制在测试曲线上翘以前的直线段上，以延长油井的正常生产或无水采油期。

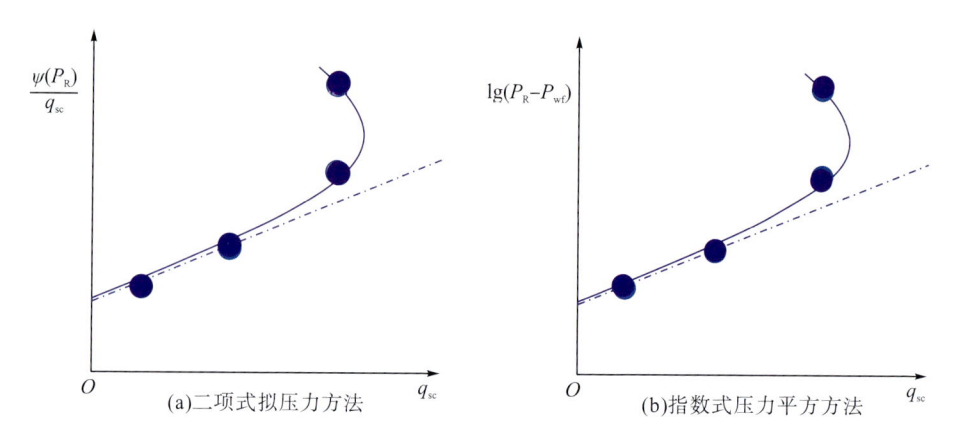

图 4-23 上翘型产能测试曲线(二)

(3) 随测试产量增大，计量孔板前积液增多，计量气量逐渐比实际产量小(图 4-24)。

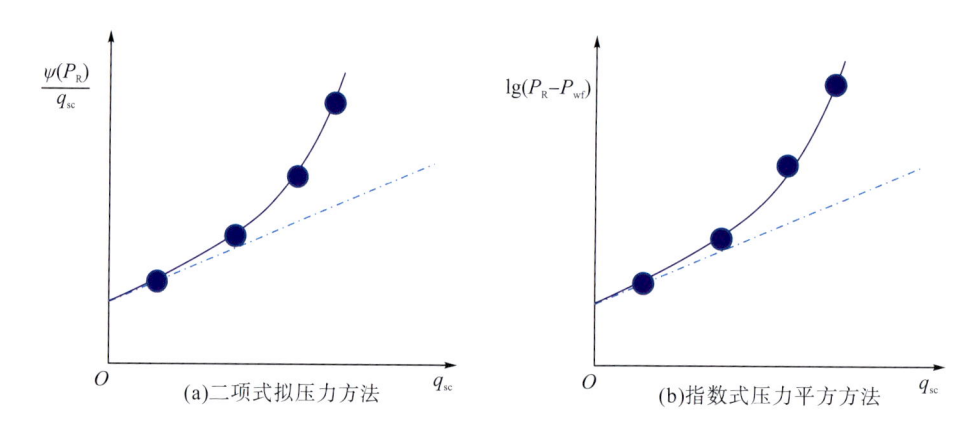

图 4-24 上翘型产能测试曲线(三)

3. 下弯型产能测试曲线

若气井产能测试曲线出现下弯型，一般有以下几种原因：
(1) 井底有堵塞或积液，测试产量由大到小进行，小产量点测试时井底污物带不出来，大产量点带出了一部分污物，部分改善了井底渗透性能，使测试曲线呈下弯型(图 4-25)。
(2) 随测试压差的增大，井底解堵，渗透性能改善，相同压差下产气量增加。或者，高、低压两个气层干扰，测试时小产量点井底压力高，低压层产量较少，主要由高压层产气；随着井底压力降低，低压层流体向井筒的流量增加，好似井底渗透性能变好，产量增加，从而使测试曲线呈下弯型(图 4-26)。

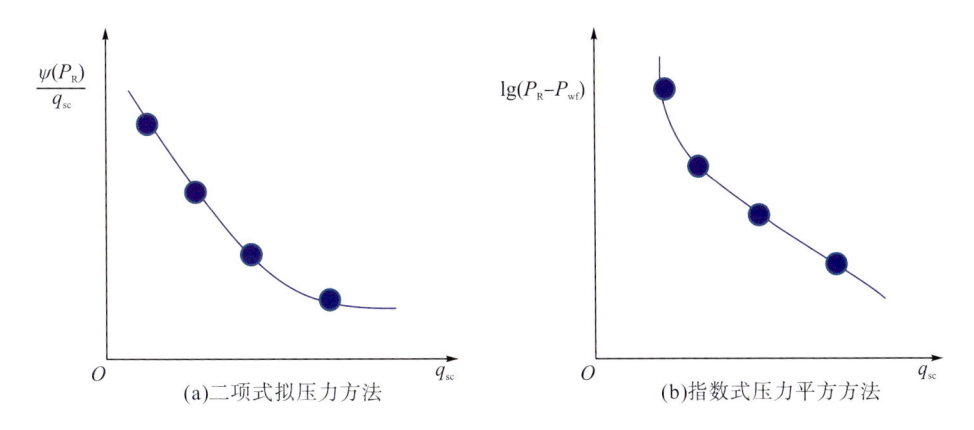

图 4-25　下弯型产能测试曲线(一)

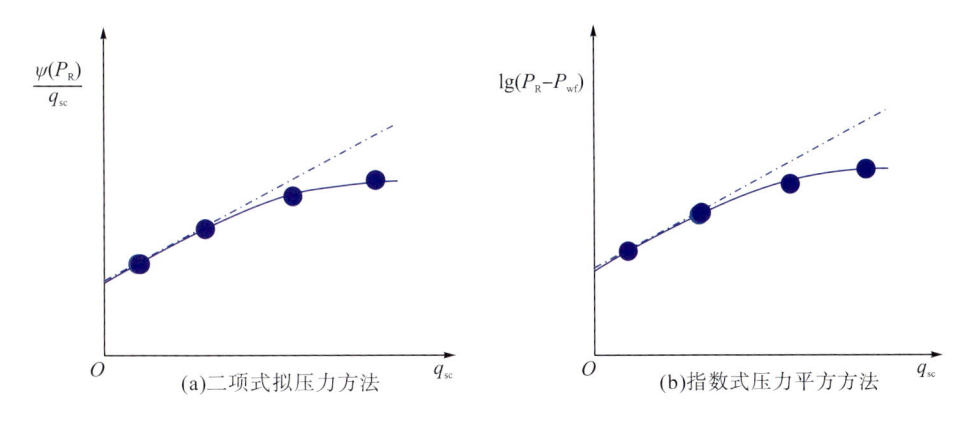

图 4-26　下弯型产能测试曲线(二)

(3)若产量测点由小到大测试,则井底积液随测试产量的增大而逐渐被带出(图 4-27)。

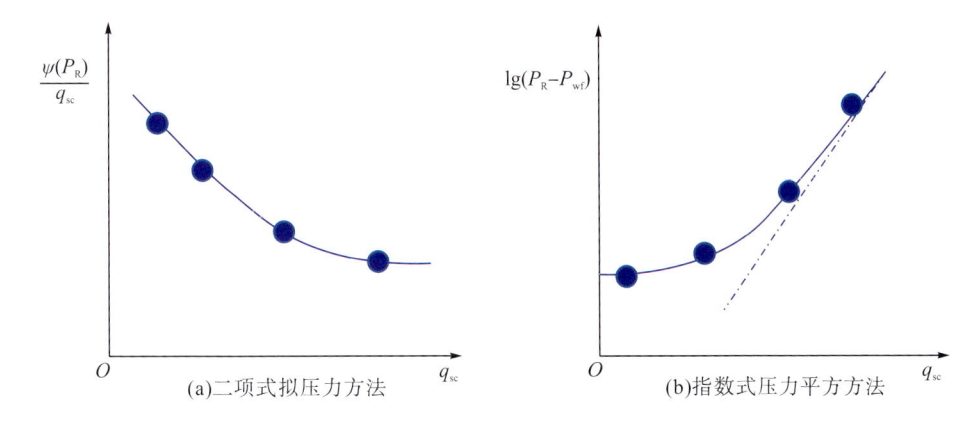

图 4-27　下弯型产能测试曲线(三)

4. 产能测试曲线的截距为负值

二项式产能测试曲线虽是直线，但其截距为负值。其原因是地层压力偏低或井底有积液（图4-28）。

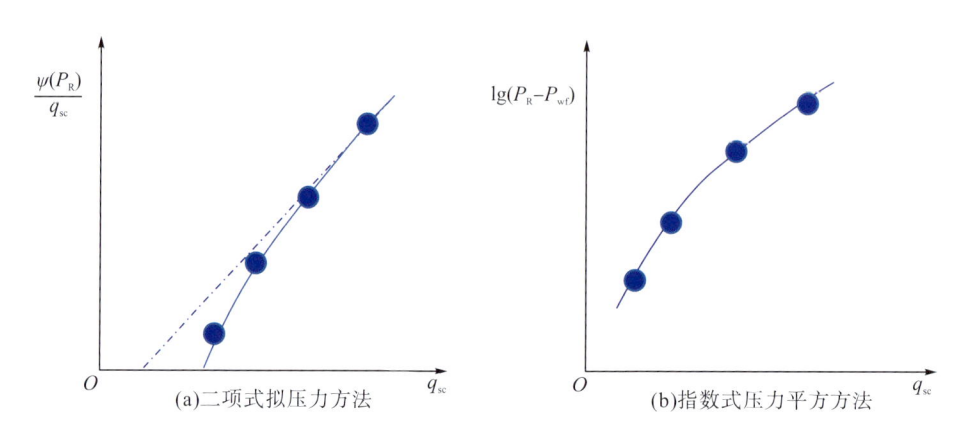

图 4-28　二项式产能测试曲线截距为负值

5. 不规则型产能测试曲线

不规则型产能测试曲线无法整理出油井产能方程。造成产能测试曲线不规则的原因主要是测点的产量、压力不稳定，除人为因素外，大多是一些小产量油井，由于渗透性差，测点的产量、压力不易稳定。因此对小产量低渗透油井，必须采用等时试井或修正等时试井进行测试。

4.3.3 异常原因分析

要获得产能试井（包括回压试井、等时试井和修正等时试井）正常的产能曲线，必须在测试过程中，使二项式系数 A、B 和指数式系数 C、n 基本保持不变。要达到这一点，则要求在测试期间油藏特性（k、ϕ、h、T）、流体性质（单相）、井底结构等保持不变，同时要求测试达到稳定，否则会得出异常的产能曲线。引起产能测试曲线异常的原因很多，归结起来，大致存在如下几类。

(1) 由于井底积液，获取的压力偏小（如压力计未下到产层中部或在井口测试计算井底压力等）。

(2) 钻井泥浆或完井液等液体进入地层，井底有堵塞，井附近渗透率变小，阻力增大，可能随测试产量增大逐渐解除。

(3) 关井未稳定，使测取的地层压力偏小。

(4) 每个工作制度都未稳定就进行测试，使测取的 P_{wf}、q 不准确。

(5) 试井过程中，井周围地层凝析油析出或含水饱和度变化，改变了渗流条件。

(6) 底水锥进或边水舌进，即使水未进入井中，也改变了地层内的渗流特征。

(7) 井底出砂，这一点对疏松砂岩地层尤其要注意控制，不能使测试产量过大，或压差过大而挤坏套管。

(8) 井间或层间干扰。

(9) 气层渗透率 k 和孔隙度 ϕ 随压力变化。

(10) 井口或地面流程发生泄漏。

凡是出现上述情况的测试油井，产能测试曲线都可能出现异常。

4.3.4 异常曲线的某些识别与校正处理

通常情况下，产能试井的正常测试数据绘制成 $\Delta P(\Delta \psi)$-q_{sc} 的关系曲线在直角坐标中应是一条通过原点凹向 $\Delta P(\Delta \psi)$ 轴的曲线，如图 4-29 所示曲线 2。这是正常曲线的初步识别。然而实际测试的指示曲线，有可能出现如图 4-29 中曲线 1 或曲线 3 所示的情况，顺测点趋势延长曲线，不通过原点，或者出现其他形状的异常曲线，原四川省石油管理局在 1976 年做过一次统计，大约有 1/3 的测试出现异常。当出现异常时，如何分析、识别和判断，只有从地质、工程、测试工艺及设备详细查找原因才能得出正确的认识。

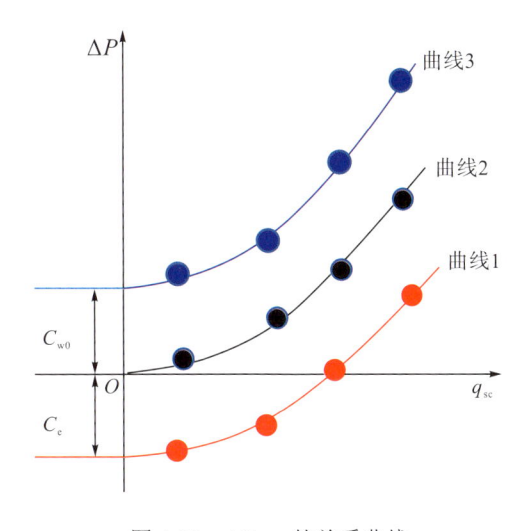

图 4-29 ΔP-q_{sc} 的关系曲线

在一些情况下，可以比较容易地识别出产能曲线异常的原因并进行有效的校正处理。

1. 当得不到地层压力时的处理

实际中，由于种种原因，无法获得地层压力 $\bar{P}_R$，但可获得每个工作制度的准确产量 q_{sci} 和流动井底压力 P_{wfi}，此时分别对几个测点写出联立方程（以压力平方为例）：

$$\begin{cases} \overline{P}_R - P_{wf1} = Aq_{sc1} + Bq_{sc1} \\ \overline{P}_R - P_{wf2} = Aq_{sc2} + Bq_{sc2} \\ \cdots\cdots\cdots\cdots \\ \overline{P}_R - P_{wfn} = Aq_{scn} + Bq_{scn} \end{cases} \quad (4\text{-}116)$$

对上述联立方程组，用下式减上式，消去 $\overline{P}_R$，然后两端除以产量差，得线性方程组：

$$\frac{P_{wfi} - P_{wfi+1}}{q_{sci+1} - q_{sci}} = A + B(q_{sci+1} + q_{sci}) \quad (4\text{-}117)$$

式中，i 为测点序号。

由式(4-117)可以看出，若绘制 $\dfrac{P_{wfi} - P_{wfi+1}}{q_{sci+1} - q_{sci}}$ 与 $q_{sci+1} + q_{sci}$ 的关系曲线，则可得一直线，此直线截距为二项式系数 A、斜率为二项式系数 B，从而得到该井的产能方程。

2. 当测取的地层压力偏小时的识别和校正处理

在一些情况下，由于关井时间不足，未达到稳定即测取压力。显然，以此压力作为地层压力是偏小的。若测取压力以 P_e 表示，则绘制的测试曲线将如图4-29中的曲线3所示，绘制二项式测试曲线将如图4-30(a)所示。由此可判别是地层压力偏小的情况。

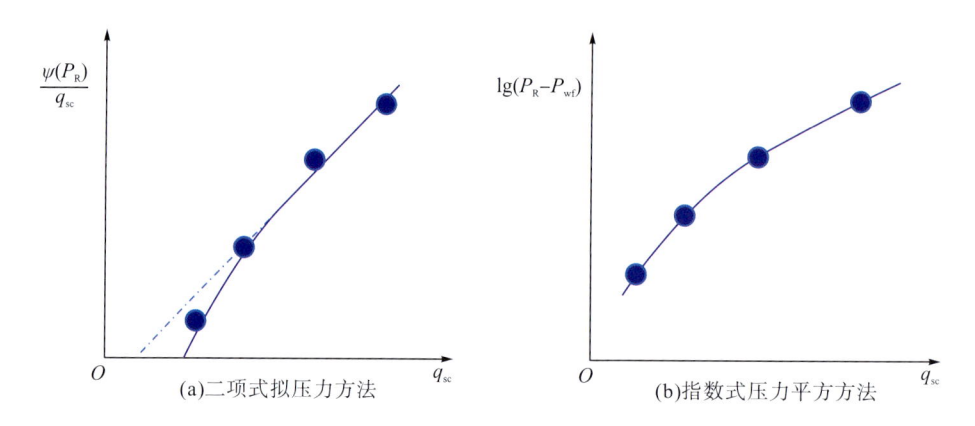

图 4-30 地层压力偏小时的产能测试曲线

出现这种曲线，可以不必重测，仅需进行如下校正即可。

设 $\overline{P}_R$ 为真实平均地层压力，此压力和实测压力 P_e 之差为

$$\delta_e = \overline{P}_R - P_e \quad (4\text{-}118)$$

由式(4-118)可得真实地层压力为 $\overline{P}_R = P_e + \delta_e$，于是存在：

$$\overline{P}_R = P_e + 2\delta_e P_e + \delta_e \quad (4\text{-}119)$$

将式(4-119)代入二项式产能方程得

$$P_e - P_{wf} = Aq_{sc} + Bq_{sc} - C_e \quad (4\text{-}120)$$

式中，

$$C_e = 2\delta_e P_e + \delta_e \quad (4\text{-}121)$$

第4章 川东北地区飞仙关组鲕滩气藏产能评价技术

将油井二项式产能方程(4-120)变形为

$$P_e - P_{wf} + C_e = Aq_{sc} + Bq_{sc}^2 \qquad (4-122)$$

由式(4-122)可知，只要获得适当的 C_e 值，$(P_e - P_{wf} + C_e)/q_{sc}$ 与 q_{sc} 的关系曲线应为一直线，如图4-31所示。该直线截距为二项式系数 A，斜率为二项式系数 B，利用式(4-122)求解出 δ_e 之后，再求出真实的平均地层压力 $\bar{P}_R$，从而计算出油井无阻流量 q_{AOF}。

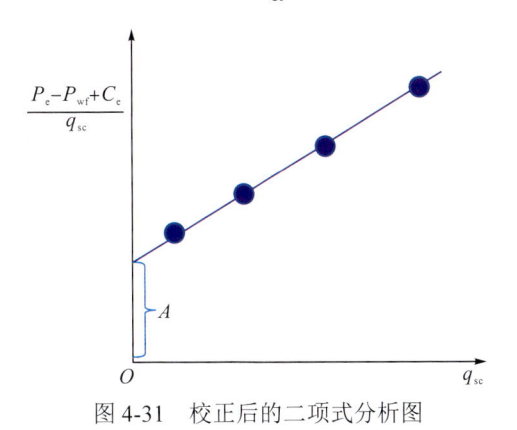

图4-31 校正后的二项式分析图

3. 当测取的井底流压偏小时的识别和校正处理

在某些情况下，如井筒积液，由于压力计未下至产层中部，若井筒仍按纯液柱考虑，则势必造成流动井底压力偏低的情况，此时，ΔP-q_{sc} 测试曲线出现异常，如图4-29中的曲线3所示，顺测点的曲线趋势延长，不交于坐标原点，而是与 ΔP 轴相交，在 ΔP 轴上有一截距 C_{w0}，在 $(\Delta P/q_{sc})$-q_{sc} 产能测试曲线图上，得不到直线，而呈图4-32所示的异常分析曲线。此时可采取如下方法校正。

设：P_{wfi} 为真实井底流动压力，P_{wi} 为实测的或计算的井底压力。

$$\delta_i = P_{wfi} - P_{wi}, \quad P_{wfi} = P_{wi} + \delta_i \qquad (4-123)$$

于是有

$$P_{wfi}^2 = P_{wi}^2 + 2\delta_i P_{wi} + \delta_i^2 \qquad (4-124)$$

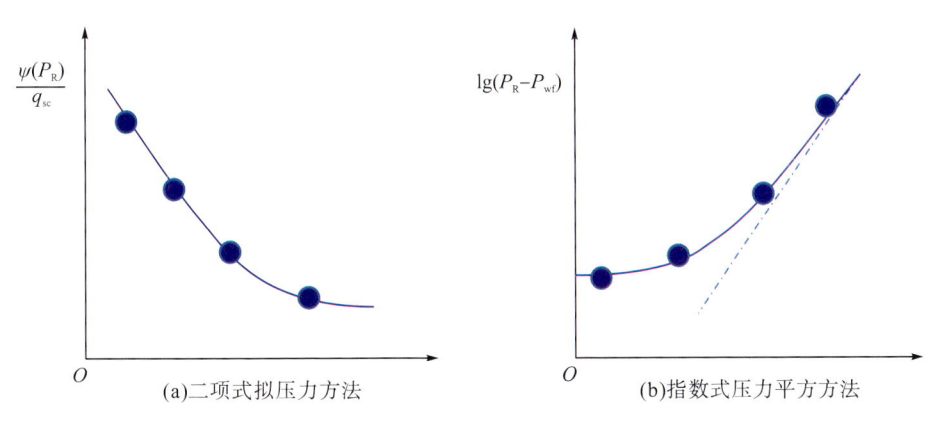

(a) 二项式拟压力方法

(b) 指数式压力平方方法

图4-32 井底流压偏低时的产能测试曲线

将式(4-124)代入二项式产能方程得

$$\overline{P}_R - P_{wi} - C_{wi} = Aq_{sci} + Bq_{sci}^2 \qquad (4\text{-}125)$$

其中，

$$C_{wi} = 2\delta_i P_{wi} + \delta_i \qquad (4\text{-}126)$$

严格说来，对于不同的工作制度，井底的积液高度是不同的。因此，在式(4-126)中，不同工作制度下 C_{wi} 是不同的。这样，在实际处理中十分困难，为此，假设在不同工作制度下 C_{wi} 是相同的，设为 C_w。

基于相同的 C_{wi}，据式(4-127)可得

$$\frac{\overline{P}_R - P_w - C_w}{q_{sc}} = A + Bq_{sc} \qquad (4\text{-}127)$$

由式(4-127)可见，在适当的 C_w 值下，$(\overline{P}_R - P_w - C_w)/q_{sc}$ 与 q_{sc} 的关系曲线应为一直线，如图 4-33 所示。该直线的截距就是二项式系数 A，斜率即为二项式系数 B，据此即可计算油井无阻流量 q_{AOF}。

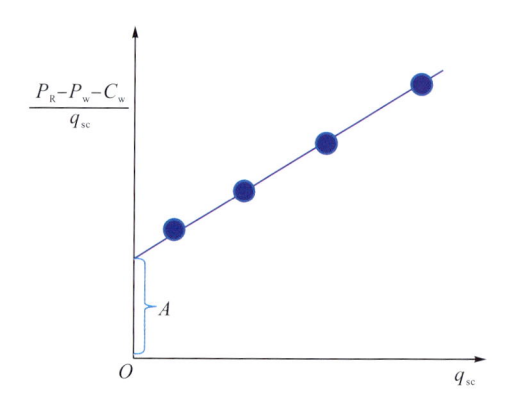

图 4-33 校正后的二项式分析图

由于各工作制度下 C_{wi} 是不同的，如何求各工作制度下的 C_{wi}？由式(4-127)不难看出，P_{wi} 是实测值或计算值，要求 C_{wi}，关键在于求 δ_i。

若关井后液体退回地层，则当 $q_{sc} = 0$ 时，$P_w = \overline{P}_R$，由式(4-126)可得 $C_{w0} = 2\overline{P}_R\delta + \delta$，解出 δ 为

$$\delta = \sqrt{\overline{P}_R + C_{w0}} - \overline{P}_R \qquad (4\text{-}128)$$

由此，可求出各工作制度下的 C_{wi}：

$$C_{wi} = 2\delta P_{wi} + \delta_i \qquad (4\text{-}129)$$

由于 C_{w0} 是由 ΔP-q_{sc} 实测曲线顺势向左延长与 ΔP 轴的交点求出的。因此，C_{w0} 有可能偏大或偏小，此时，$(\overline{P}_R - P_w - C_w)/q_{sc}$-$q_{sc}$ 二项式产能曲线不为直线。此时应调整 C_{w0}，重复上述过程，直到得出直线。

4. 测试时井筒或井底附近残留液体逐渐吸净的识别

一些新井或采取措施后的井测试时，若测试前未用最大产油量放喷，井内或井底附近会残留液体，随测试产量增大，残留液体被逐渐带出以致喷净，这时测试的 ΔP-q_{sc} 指示曲线如图 4-34 所示。曲线凹向 q_{sc} 轴，表明每降低单位压差所获产量会增大，若再继续顺次回测，则可得正常曲线（图 4-35）。

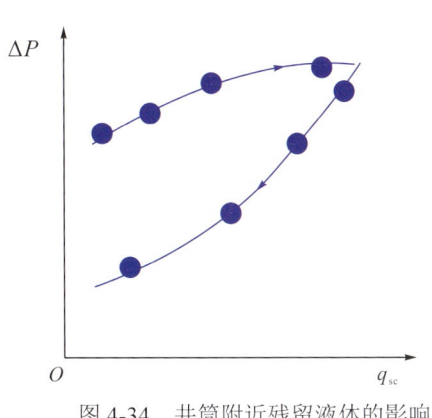

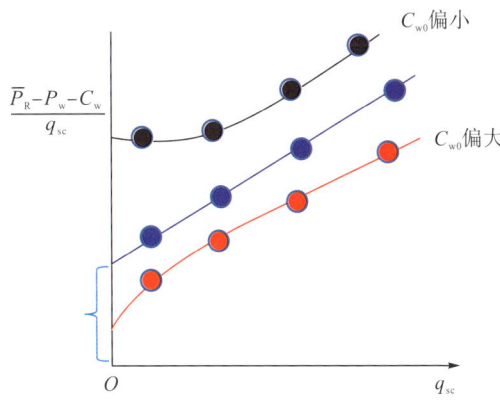

图 4-34　井筒附近残留液体的影响　　　图 4-35　不同 C_{w0} 下的二项式分析曲线

5. 底水锥进的识别

有底水存在的气藏，应特别注意控制测试产量，以免测试产量过大，形成底水锥进甚至锥进突入井中（图 4-36），有底水的气井测试时指示曲线和二项式产能测试曲线分别如图 4-37 和图 4-38 所示。

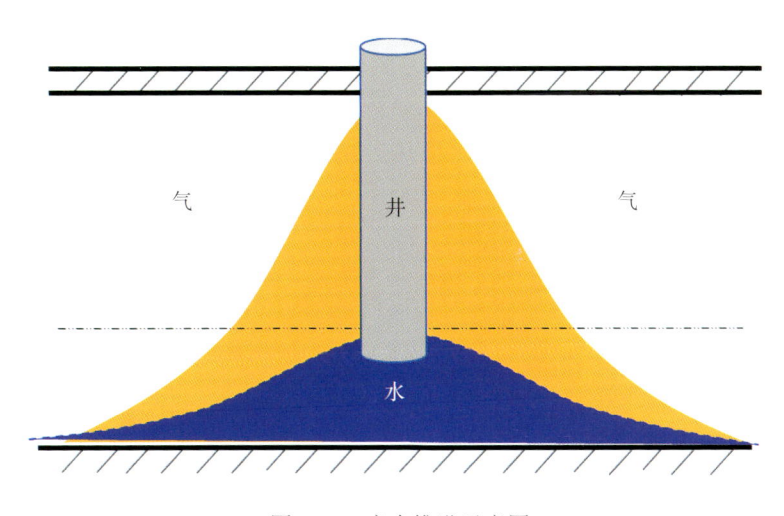

图 4-36　底水锥进示意图

当底水上升靠近井附近，但还未进入井内时，ΔP-q_{sc} 指示曲线（图 4-37 曲线②）将低于无底水上升时的指示曲线（图 4-37 曲线①），此时井的产能仍服从二项式或指数式的产能方程。由于井内无液柱,正、反测试(即工作制度由小到大、由大到小测试系列)产能曲线一致。

当底水已进入井内时,正、反测试指示曲线一般不重合,其二项式特征曲线随产量的增大到一临界点后将发生倒转(图4-38)。

DE 段——未形成水锥或水锥未达到井底,二项式特征曲线为一直线。

EF 段——水锥已淹没部分产气层段、渗流阻力增大,二项式特征曲线为一向上弯的曲线。

FG 段——水锥已淹没整个产气层段,流体必须穿过水的阻碍才能进入井中,气相有效渗透率显著下降,渗流阻力增大,因而出现随 ΔP 增大,q_{sc} 反而下降,曲线发生倒转的现象。

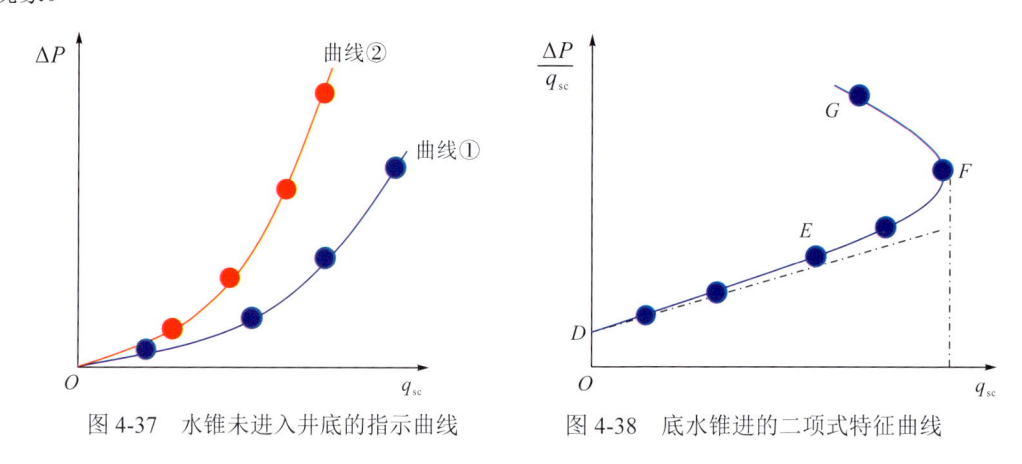

图4-37 水锥未进入井底的指示曲线　　图4-38 底水锥进的二项式特征曲线

对于有边水舌进的油藏,若测试井已受到边水舌进的影响,则其产能测试曲线存在与底水锥进时类似的情况。

总之,引起测试异常的原因很多,这里仅列举了几种情况,对于具体的测试井,若出现异常,则必须具体分析,从地质、工程、工艺以及井底结构和测试流程设备上详细查找原因,才能得出正确的认识。

4.3.5　产能试井工艺应注意的问题

在推导二项式方程或指数式方程时,将气井和气藏假设为一种理想情况,其适用性已在前面有所论述。分析上述产能试井曲线产生异常的原因,在进行气井产能试井测试时也应注意以下几个方面的问题。

(1)测试时产量要均匀分布,并要求保持稳定。

(2)纯气井测试时,在一般情况下可以用井口测试压力计算至井底进行解释处理。对带水气井或凝析油含量较高的气井,必须直接下压力计至产层中部测量井底压力。

(3)对于高产气井,由于测试时各点压降很小,井口温度变化又较大,此时必须实测准确的静、动地温梯度和各测点的井口温度,以便在计算地层压力 P_R 和流动压力 P_{wf} 时,有准确的井筒温度,否则会导致井底压力存在极大的误差,而不能整理出指数式和二项式方程。一般情况下，建议将压力计下至产层中部直接测量井底压力。

(4) 对于不稳定测试点，要求流动要达到径向流阶段。而对于稳定测试点，要求测试井底流压和产量均保持稳定。

4.4 现场应用实例

本节将根据川东北地区鲕滩气藏气井测试数据验证建立的产能方程的准确性，并在此基础上分析产能方程的影响因素。

4.4.1 气井产能评价

1. 基础数据

对川东北地区飞仙关组鲕滩气藏某口气井（A 井）开展了测试，根据解释资料得到气井的物性参数，见表 4-2。

表 4-2　川东北地区飞仙关组鲕滩气藏 A 井

原始地层压力 P_e/MPa	井筒流动压力 P_w/MPa	储层厚度 h/m	渗透率/mD	气体平均偏差系数 Z
56.912	40.99	25.3	3.51	1.3728
地层温度 T/K	井筒半径 r_w/m	表皮系数 S	气体平均黏度 u_g/(mPa·s)	泄流半径 r_e/m
376.53	0.083	5	0.0311	560

2. 产能模型有效性验证

该井进行了两个制度的产量测试，当井底流压为 37.24MPa 时测试日产气 49.064×10^{4}m^3（图 4-39）；当井底流压为 41.33MPa 时测试日产气 40.837×10^{4}m^3，通过将解释资料代入理论公式中计算得到的产量与测试结果的误差约为 7.3%，表明建立的理论模型在一定程度上是可靠的。理论计算得到气井的无阻流量为 90.86×10^{4}m^3/d。

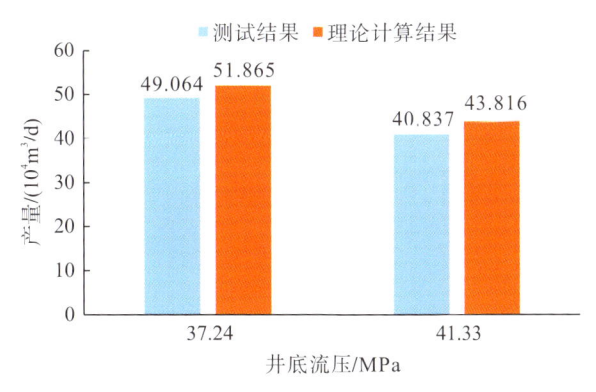

图 4-39　气井测试产量与理论计算结果对比

4.4.2 产能影响因素分析

气井日产气量受到地层压力、气井类型、储层物性等多种因素的影响，这里将根据建立得到的气井产能方法分析不同参数对气井流入动态特征的影响。

1. 地层压力对流入动态的影响

根据公式作出不同地层压力条件下 A 井的流入动态关系(inflow performance relationship, IPR)曲线,可为以后的实际生产提供参考。通过 A 井在不同地层压力下的 IPR 曲线(图 4-40)可以看出,随着地层压力的降低, IPR 曲线向左下方偏移,气井无阻流量降低,这也是随着生产时间的增加,单井产量减低的原因。地层压力降低导致气井无阻流量降低,因此,应及时调整配产,以达到稳产的目的。

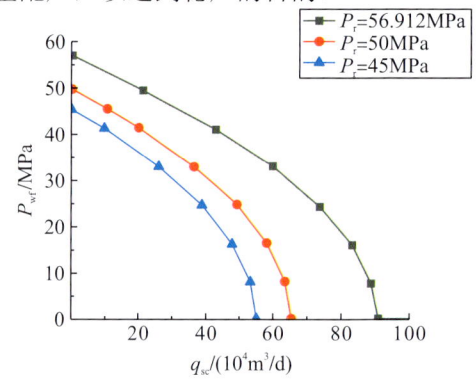

图 4-40　A 井在不同地层压力下的 IPR 曲线

2. 地层温度对流入动态的影响

图 4-41 为 A 井在不同地层温度下的 IPR 曲线。由图可知,地层温度的变化对气井的产能影响不大,温度越高,气体黏度越低,因此气井的无阻流量越大,同时温度越高越不利于单质硫的析出。

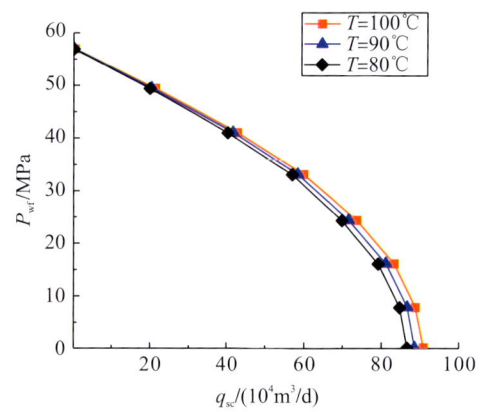

图 4-41　A 井在不同地层温度下的 IPR 曲线

3. 地层厚度对流入动态的影响

图 4-42 为 A 井在不同地层厚度下的 IPR 曲线。由图可知，地层厚度是影响气井产能的一个非常重要的因素。随着地层厚度的增加，气井产能逐渐增大，无阻流量增大，且增加的幅度较大，IPR 曲线向右偏移。

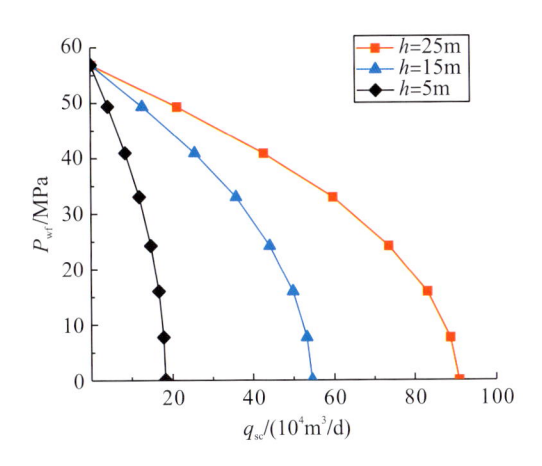

图 4-42 A 井在不同地层厚度下的 IPR 曲线

4. 泄流半径对流入动态的影响

图 4-43 为不同泄流半径下的 IPR 曲线。由图可知，随着泄流半径的增大，气井产能逐渐减小，但减小趋势减缓。产生这种影响的原因是相同生产压差下，单位井距内的压力梯度降低导致气井流入产能降低。

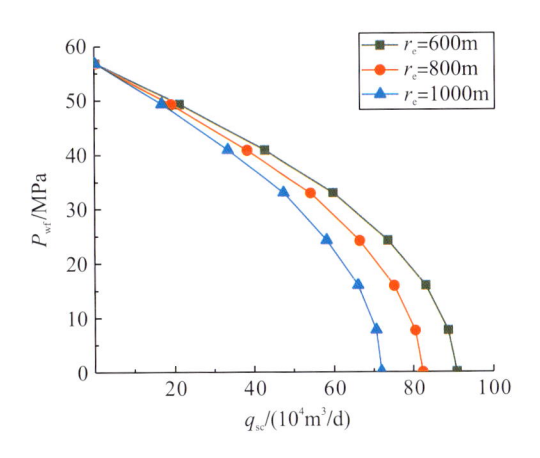

图 4-43 A 井在不同泄流半径下的 IPR 曲线

5. 考虑硫沉积的影响

地层硫沉积是高含硫气藏生产的一个重要特征，根据直井的产能修正方程作出考虑硫沉积与不考虑硫沉积的气井 IPR 曲线，如图 4-44 所示。由图可知，当不考虑地层硫沉积时计算得到的气井产量偏大，且生产压差越大其偏差值越大。

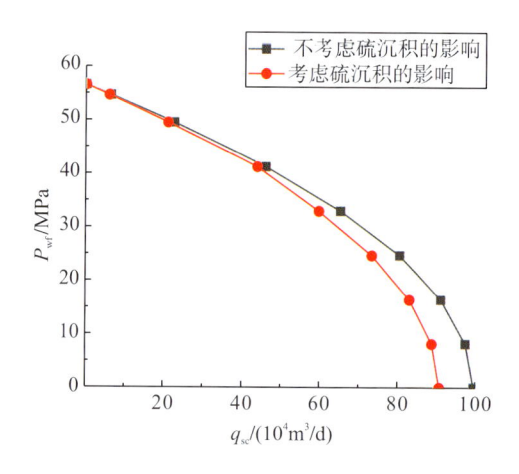

图 4-44 考虑与不考虑硫沉积的 A 井产能预测结果对比

第 5 章　川东北地区飞仙关组鲕滩气藏试井解释理论

5.1　高含硫气藏试井解释模型

5.1.1　单一介质储层气井不稳定渗流理论

根据酸性气体相态研究结果可知，当地层压力低于临界压力时，川东北地区鲕滩气藏酸性天然气中的硫元素以固态形式析出，并随着天然气在地层中流动。当气体流动速度低于临界悬浮速度或受多孔介质吸附作用时，固态硫附着于多孔介质孔喉处并堵塞喉道[87,88]。现有开发实践和研究结果表明，固态硫主要沉积在近井地带附近并降低该区域的渗透率。在开发后期随着地层能量的亏空，固态硫沉积在近井地带并将储层分成了两个特征参数明显不同的区域，即硫沉积区和硫未沉积区(或者硫沉积较少，可以近似认为地层性质没有发生改变)，两个区域在孔隙度和渗透率方面均存在一定的差异。因此，高含硫气藏开发后期气井多表现出复合地层的特征，可以利用复合模型进行试井解释[89,90]。

1. 高含硫气藏渗流物理模型

地层硫沉积发生后单一介质(孔隙型)储层气井不稳定渗流物理模型(图 5-1)的假设条件如下：

(1)顶底封闭、均质、等厚的单一介质地层内有一口半径为 r_w 的直井，储层厚度为 h，且直井完全贯穿储层。

(2)气井以恒定的产量 q 从 $t=0$ 时刻开井生产，开井前地层中各处压力相等且为原始地层压力 P_i。

(3)储层达到硫沉积临界条件后，地层可以分为硫沉积区(Ⅰ区)与无硫沉积区(Ⅱ区)两个区域。Ⅰ区含硫饱和度处处相等，其渗透率为 K_1，流体黏度为 μ_1，孔隙度为 ϕ_1，综合压缩系数为 C_{t1}；Ⅱ区的地层渗透率为 K_2，流体黏度为 μ_2，孔隙度为 ϕ_2，综合压缩系数为 C_{t2}。

(4)忽略Ⅰ区和Ⅱ区中间过渡带的影响，Ⅰ区和Ⅱ区界面上不存在附加压降。

(5)气体单相可压缩，忽略毛管力和重力、井筒储集效应和表皮效应的影响。

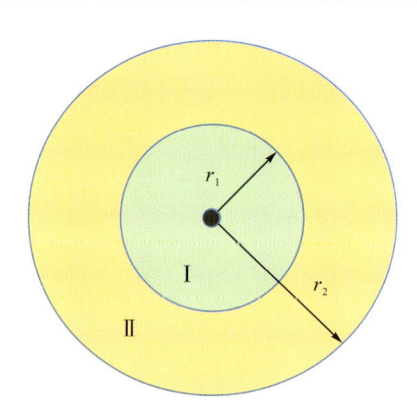

图 5-1 孔隙型储层两区径向复合气藏渗流物理模型

2. 高含硫气藏不稳定渗流数学模型

根据前述物理模型的假设条件，单一介质储层高含硫气藏地层硫沉积后的连续性方程的表达式如下[91]。

Ⅰ区：

$$\frac{\partial^2 \psi_1}{\partial r^2} + \frac{1}{r}\frac{\partial \psi_1}{\partial r} = \frac{1}{\eta_1}\frac{\partial \psi_1}{\partial t}, \quad r_w \leqslant r < r_1 \tag{5-1}$$

Ⅱ区：

$$\frac{\partial^2 \psi_2}{\partial r^2} + \frac{1}{r}\frac{\partial \psi_2}{\partial r} = \frac{1}{\eta_2}\frac{\partial \psi_2}{\partial t}, \quad r_1 \leqslant r < r_2 \tag{5-2}$$

有效井半径为

$$r_{we} = r_w e^{-S} \tag{5-3}$$

为简化推导过程，考虑井筒储集系数和表皮系数，以Ⅰ区的物性参数为基准定义无因次表达式，具体见表 5-1[92]。

表 5-1 无因次表达式的定义

无因次参数名称	无因次参数表达式
无因次拟压力	$\psi_D = \dfrac{78.53 K_1 h}{q_{sc} T}(\psi_i - \psi)$
无因次时间	$t_D = \dfrac{3.6 K_1 t}{\phi_1 \mu_1 C_{t1} r_w^2}$
无因次井筒储集系数	$C_D = \dfrac{C}{2\pi h \phi_1 C_{t1} r_w^2}$
无因次距离	$r_D = \dfrac{r}{r_w}$
考虑有效井半径的无因次时间	$t_{De} = t_D e^{2S}$

续表

无因次参数名称	无因次参数表达式
考虑有效井半径的无因次内区半径	$r_{1De} = r_{1D} e^S$
考虑有效井半径的无因次外区半径	$r_{2De} = r_{2D} e^S$
考虑有效井半径的无因次井筒储集系数	$C_{De} = C_D e^{2S}$
外区与内区的流度比	$M = M_2/M_1 = \dfrac{[K/\mu]_2}{[K/\mu]_1}$
外区与内区的弹性储容比	$\sigma = \dfrac{\eta_2}{\eta_1} = \dfrac{K_2/(\phi\mu C_t)_2}{K_1/(\phi\mu C_t)_1}$

注：q_{sc} 为标准状态下的气井产量，$10^4 \text{m}^3/\text{d}$；T 为井底温度，K。

根据表 5-1 中无因次表达式的定义，对式(5-3)进行改写，可以得到无因次化形式之后的高含硫气藏硫沉积和非硫沉积区域的连续性方程的表达式。

Ⅰ区：

$$\frac{\partial^2 \psi_{1D}}{\partial r_{De}^2} + \frac{1}{r_{De}} \frac{\partial \psi_{1D}}{\partial r_{De}} = \frac{\partial \psi_{1D}}{\partial t_{De}}, \quad 1 \leqslant r_{De} < r_{1De} \tag{5-4}$$

Ⅱ区：

$$\frac{\partial^2 \psi_{2D}}{\partial r_{De}^2} + \frac{1}{r_{De}} \frac{\partial \psi_{2D}}{\partial r_{De}} = \frac{1}{\sigma} \frac{\partial \psi_{1D}}{\partial t_{De}}, \quad r_{1De} \leqslant r_{De} < r_{2De} \tag{5-5}$$

气藏的初始条件为

$$\psi_{1D}(r_{De}, 0) = \psi_{2D}(r_{De}, 0) = 0 \tag{5-6}$$

气藏的内边界条件为

$$\left.\frac{\partial \psi_{1D}}{\partial r_{De}}\right|_{r_{De}=1} = -(1 - C_{De} \frac{\partial \psi_{wD}}{\partial t_{De}}) \tag{5-7}$$

$$p_{wD} = p_{1D}\big|_{r_{De}=1} \tag{5-8}$$

内外区的衔接面条件为

$$\psi_{1D}(r_{1De}, t_{De}) = \psi_{2D}(r_{1De}, t_{De}) \tag{5-9}$$

$$\left.\frac{\partial \psi_{1D}}{\partial r_{De}}\right|_{r_{De}=r_{1De}} = M \left.\frac{\partial \psi_{2D}}{\partial r_{De}}\right|_{r_{De}=r_{1De}} \tag{5-10}$$

气藏的外边界条件为

$$\lim_{r_{De} \to \infty} \psi_{2D}(r_{De}, t_{De}) = 0, \quad \text{无限大外边界} \tag{5-11}$$

$$\left.\frac{\partial \psi_{2D}}{\partial r_{De}}\right|_{r_{De}=r_{2De}} = 0, \quad \text{圆形封闭边界} \tag{5-12}$$

$$\psi_{2D}(r_{2De}, t_{De}) = 0, \quad \text{圆形定压边界} \tag{5-13}$$

对无因次有效井径数学模型式(5-4)和式(5-5)作拉普拉斯变换，得到拉普拉斯空间中的数学模型为[93]：

$$\frac{d^2\bar{\psi}_{1D}}{dr_{De}^2} + \frac{1}{r_{De}}\frac{d\bar{\psi}_{1D}}{dr_{De}} = u\bar{\psi}_{1D} \tag{5-14}$$

$$\frac{d^2\bar{\psi}_{1D}}{dr_{De}^2} + \frac{1}{r_{De}}\frac{d\bar{\psi}_{1D}}{dr_{De}} = \frac{u}{\sigma}\bar{\psi}_{1D} \tag{5-15}$$

内边界条件：

$$\left.\frac{d\bar{\psi}_{1D}}{dr_{De}}\right|_{r_{De}=1} = -\left[\frac{1}{u} - C_{De}\bar{\psi}_{wD}(1,u)u\right] \tag{5-16}$$

$$\bar{\psi}_{wD} = \bar{\psi}_{1D}\big|_{r_{De}=1} \tag{5-17}$$

界面条件：

$$\bar{\psi}_{1D}(r_{1De}, u) = \bar{\psi}_{2D}(r_{1De}, u) \tag{5-18}$$

$$\left.\frac{d\bar{\psi}_{1D}}{dr_{De}}\right|_{r_{De}=r_{1De}} = M\left.\frac{d\bar{\psi}_{2D}}{dr_{De}}\right|_{r_{De}=r_{1De}} \tag{5-19}$$

外边界条件：

$$\bar{\psi}_{2D}(\infty, u) = 0, \quad \text{无限大外边界} \tag{5-20}$$

$$\left.\frac{d\bar{\psi}_{2D}}{dr_{De}}\right|_{r_{De}=r_{2De}} = 0, \quad \text{圆形封闭边界} \tag{5-21}$$

$$\bar{\psi}_{2D}(r_{2De}, u) = 0, \quad \text{圆形定压边界} \tag{5-22}$$

式(5-14)和式(5-15)拉普拉斯空间内的解为

$$\bar{\psi}_{1D}(r_{De}, u) = AI_0\left(\sqrt{u}r_{De}\right) + BK_0\left(\sqrt{u}r_{De}\right) \tag{5-23}$$

$$\bar{\psi}_{2D}(r_{De}, u) = CI_0\left(\sqrt{\frac{u}{\sigma}}r_{De}\right) + DK_0\left(\sqrt{\frac{u}{\sigma}}r_{De}\right) \tag{5-24}$$

根据外边界条件式(5-20)，当 $r_{De} \to \infty$，必有 $C=0$，因此式(5-24)可变为

$$\bar{\psi}_{2D}(r_{De}, u) = DK_0\left(\sqrt{\frac{u}{\sigma}}r_{De}\right) \tag{5-25}$$

将式(5-23)和式(5-24)代入内边界条件式(5-16)、界面条件式(5-18)和式(5-19)中，整理后联立得到方程组：

$$\begin{cases} A\left[uC_{De}I_0\left(\sqrt{u}\right) - \sqrt{u}I_1\left(\sqrt{u}\right)\right] + B\left[\sqrt{u}K_1\left(\sqrt{u}\right) + C_{De}uK_0\left(\sqrt{u}\right)\right] = \dfrac{1}{u} \\ AI_0\left(\sqrt{u}r_{1De}\right) + BK_0\left(\sqrt{u}r_{1De}\right) - DK_0\left(\sqrt{\dfrac{u}{\sigma}}r_{1De}\right) = 0 \\ A\sqrt{u}I_1\left(\sqrt{u}r_{1De}\right) - B\sqrt{u}K_1\left(\sqrt{u}r_{1De}\right) + D\sqrt{\dfrac{u}{\sigma}}MK_1\left(\sqrt{\dfrac{u}{\sigma}}r_{1De}\right) = 0 \end{cases} \tag{5-26}$$

解方程组即可确定系数 A、B、D，且令

$$\begin{cases} a_1 = uC_{De}I_0(\sqrt{u}) - \sqrt{u}I_1(\sqrt{u}) \\ a_2 = I_0(\sqrt{u}r_{1De}) \\ a_3 = \sqrt{u}I_1(\sqrt{u}r_{1De}) \end{cases} \tag{5-27}$$

$$\begin{cases} b_1 = \sqrt{u}K_1(\sqrt{u}) + C_{De}uK_0(\sqrt{u}) \\ b_2 = K_0(\sqrt{u}r_{1De}) \\ b_3 = -\sqrt{u}I_1(\sqrt{u}r_{1De}) \end{cases} \tag{5-28}$$

$$\begin{cases} d_1 = uK_0(\sqrt{u}) \\ d_2 = -K_0\left(\sqrt{\dfrac{u}{\sigma}}\right) \\ d_3 = \sqrt{\dfrac{u}{\sigma}}MK_1\left(\sqrt{\dfrac{u}{\sigma}}r_{1De}\right) \end{cases} \tag{5-29}$$

由克拉默法则[94]得

$$A_C = \frac{1}{u}(b_2 d_3 - b_3 d_2) \tag{5-30}$$

$$B_C = \frac{1}{u}(a_3 d_2 - a_2 d_3) \tag{5-31}$$

$$D_N = a_1(b_2 d_3 - b_3 d_2) + b_1(a_3 d_2 - a_2 d_3) \tag{5-32}$$

由以上推导即可得到复合地层试井模型在拉普拉斯变换空间中数学模型的解：

$$\bar{p}_{wD} = \frac{A_C I_0(\sqrt{u}) + B_C K_0(\sqrt{u})}{D_N} \tag{5-33}$$

式中，$\bar{p}_{wD}$ 为拉普拉斯空间中的无因次井底压力；I_0、K_0 分别为第一类、第二类虚宗量零阶贝塞尔（Bessel）函数；A_C、B_C、D_N 为待定系数，分别由式(5-30)、式(5-31)、式(5-32)确定；u 为拉普拉斯变量，由 t_D/C_D 变换得到。

5.1.2 双重介质地层中高含硫气井不稳定试井分析理论

川东北地区飞仙关组鲕滩气藏储层岩性为典型的鲕粒白云岩和鲕粒灰岩，这类气藏有利储层区域发育有一定量的天然裂缝，当天然裂缝发育较为丰富时，储层多表现为基质-天然裂缝的双重介质特征。通常气井多部署于优势储层带上，常规的单一介质模型不再适用部分气井渗流特征，因此需要建立双重介质储层试井模型来开展硫沉积后的双重介质储层鲕滩气藏试井解释工作。鲕滩气藏储层可简化为由天然裂缝和基质岩块组成的双重介质储层，考虑硫沉积的影响时，采用硫沉积区和非硫沉积区的复合模型来表示[95]。

1. 物理模型

川东北地区鲕滩气藏双重介质径向复合地质模型示意图如图 5-2 所示。其物理模型与单一介质渗流物理模型类似，地层被划分为两个渗流区域：半径为 r_1 的硫沉积区，记作Ⅰ区；半径为 r_2 的非硫沉积区，记为Ⅱ区。与前文的模型相比，本小节中地层主要表现为基质、天然裂缝发育的双重介质特点。

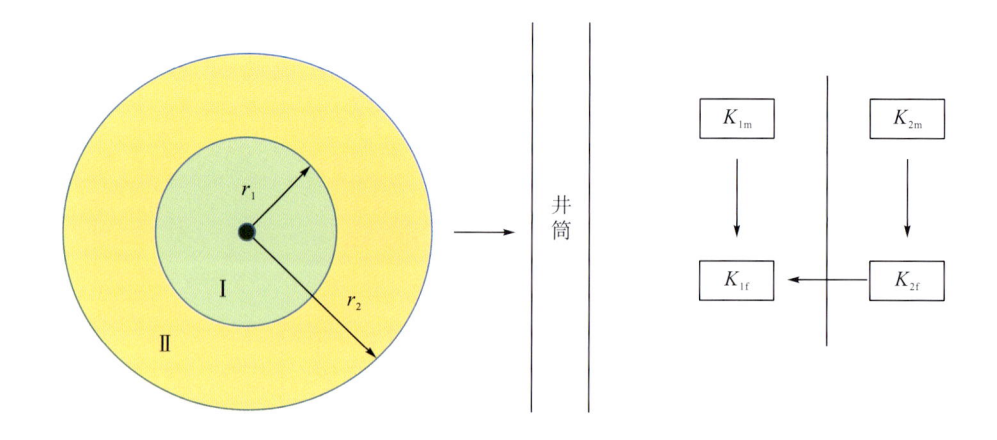

图 5-2　双重介质径向复合地质模型

渗流物理模型的基本假设条件如下。

(1) 水平、均质、等厚（厚度为 h）的地层内有一口完全贯穿储层的直井，储层符合基质-裂缝发育的双重介质系统特征，采用沃伦-鲁特模型描述地层特征[96]。

(2) 地层中心一口气井，其井筒半径为 r_w，以恒定产量 q 从 $t=0$ 时刻开井生产，开井前地层中各处压力相等且为原始地层压力 P_i。

(3) 硫沉积将地层划分为硫沉积区（Ⅰ区）和硫未沉积区（Ⅱ区），Ⅰ区含硫饱和度处处相等，其基质渗透率为 K_{1m}，裂缝渗透率为 K_{1f}，流体黏度为 μ_1，基质孔隙度为 ϕ_{1m}，裂缝孔隙度为 ϕ_{1f}，综合压缩系数为 C_{t1}。

(4) Ⅱ区地层基质渗透率为 K_{2m}，裂缝渗透率为 K_{2f}，流体黏度为 μ_1，基质孔隙度为 ϕ_{2m}，裂缝孔隙度为 ϕ_{2f}，综合压缩系数为 C_{t2}。

2. 数学模型

基于以上物理模型的假设条件，引入表 5-2 中无因次变量到高含硫气藏双重介质两区径向复合地层流动模型中，地层硫沉积发生后地层硫沉积区域和硫未沉积区域的基质与裂缝系统无因次形式下的连续性方程的表达式如下。

Ⅰ区：

$$\begin{cases} \dfrac{\partial^2 \psi_{1fD}}{\partial r_D^2} + \dfrac{1}{r_D}\dfrac{\partial \psi_{1fD}}{\partial r_D} = \lambda(\psi_{1fD} - \psi_{1mD}) + \omega \dfrac{\partial \psi_{1fD}}{\partial t_D}, \ 1 \leqslant r_D \leqslant R_{fD} \\ (1-\omega)\dfrac{\partial \psi_{1mD}}{\partial t_D} = \lambda(\psi_{1fD} - \psi_{1mD}) \end{cases} \quad (5\text{-}34)$$

Ⅱ区：

$$\begin{cases} \dfrac{\partial^2 \psi_{2fD}}{\partial r_D^2} + \dfrac{1}{r_D}\dfrac{\partial \psi_{2fD}}{\partial r_D} = M_{12}\left(\lambda(\psi_{2fD} - \psi_{2mD}) + \omega\dfrac{\partial \psi_{2fD}}{\partial t_D}\right),\ r_D \geqslant R_{fD} \\ (1-\omega)\dfrac{\partial \psi_{2mD}}{\partial t_D} = \lambda(\psi_{2fD} - \psi_{2mD}) \end{cases} \quad (5\text{-}35)$$

气藏开发之前各处的地层压力相等，因此初始条件如下：

$$\psi_{1fD}(r_D, 0) = \psi_{1mD}(r_D, 0) = \psi_{2fD}(r_D, 0) = \psi_{2mD}(r_D, 0) = 0 \quad (5\text{-}36)$$

内边界条件：

$$C_D\dfrac{\mathrm{d}\psi_{wD}}{\mathrm{d}t_D} - \dfrac{\partial \psi_{1fD}}{\partial r_D}\bigg|_{r_D=1} = 1 \quad (5\text{-}37)$$

$$\psi_{wD} = \left(\psi_{1fD} - S\dfrac{\partial \psi_{1fD}}{\partial r_D}\right)\bigg|_{r_D=1} \quad (5\text{-}38)$$

内外区衔接面条件：

$$\psi_{1fD}(R_{fD}, t_D) = \psi_{2fD}(R_{fD}, t_D) \quad (5\text{-}39)$$

$$\dfrac{\partial \psi_{1fD}}{\partial r_D}\bigg|_{r_D=R_{fD}} = \dfrac{1}{M_{12}}\dfrac{\partial \psi_{2fD}}{\partial r_D}\bigg|_{r_D=R_{fD}} \quad (5\text{-}40)$$

气藏的外边界条件：

$$\psi_{2fD}(\infty, t_D) = \psi_{2mD}(\infty, t_D) = 0, \ 无限大外边界 \quad (5\text{-}41)$$

$$\dfrac{\partial \psi_{2fD}}{\partial r_D}\bigg|_{r_D=R_{eD}} = \dfrac{\partial \psi_{2mD}}{\partial r_D}\bigg|_{r_D=R_{eD}} = 0, \ 圆形封闭边界 \quad (5\text{-}42)$$

$$\psi_{2fD}(R_{eD}, t_D) = \psi_{2mD}(R_{eD}, t_D) = 0, \ 圆形定压边界 \quad (5\text{-}43)$$

表 5-2 基质-裂缝双重介质高含硫气藏无因次变量的表达式

无因次参数名称	无因次变量的表达式
无因次拟压力	$\psi_{kjD} = \dfrac{78.53 K_{1f} h}{q_{sc}\rho_1 T}\Delta\psi(p_{kj}),\ j=\mathrm{f,m},\ k=1,2$
无因次时间	$t_D = \dfrac{3.6 K_{1f} t}{((\phi C_t)_1)_{f+m}\mu r_w^2}$
无因次距离	$r_D = \dfrac{r}{r_w}$
无因次内区半径	$R_{fD} = \dfrac{r_1}{r_w}$
无因次外区半径	$R_{eD} = \dfrac{r_2}{r_w}$
无因次井筒储集系数	$C_D = \dfrac{C}{2\pi h ((\phi C_t)_1)_{f+m} r_w^2}$

续表

无因次参数名称	无因次变量的表达式
窜流系数	$\lambda = \alpha r_w^2 \dfrac{K_{1m}}{K_{1f}} = \alpha r_w^2 \dfrac{K_{2m}}{K_{2f}}$
弹性储容比	$\sigma = \dfrac{(\phi C_t)_{1f}}{(\phi C_t)_{1f}+(\phi C_t)_{1m}} = \dfrac{(\phi C_t)_{2f}}{(\phi C_t)_{2f}+(\phi C_t)_{2m}}$
内区与外区流度比	$M_{12} = \dfrac{M_{1f}}{M_{2f}} = \dfrac{\left(\dfrac{K_1}{\mu_1}\right)_f}{\left(\dfrac{K_2}{\mu_2}\right)_f}$

3. 数学模型的解

对式(5-34)~式(5-43)进行拉普拉斯变换：

$$\begin{cases} \dfrac{d^2 \bar{\psi}_{1fD}}{dr_D^2} + \dfrac{1}{r_D}\dfrac{d\bar{\psi}_{1fD}}{dr_D} = \lambda(\bar{\psi}_{1fD}-\bar{\psi}_{1mD}) + \omega u \bar{\psi}_{1fD}, \quad 1 \leqslant r_D \leqslant R_{fD} \\ (1-\omega)u\bar{\psi}_{1mD} = \lambda(\bar{\psi}_{1fD}-\bar{\psi}_{1mD}) \end{cases} \quad (5\text{-}44)$$

$$\begin{cases} \dfrac{d^2 \bar{\psi}_{2fD}}{dr_D^2} + \dfrac{1}{r_D}\dfrac{d\bar{\psi}_{2fD}}{dr_D} = M_{12}\left[\lambda(\bar{\psi}_{2fD}-\bar{\psi}_{2mD}) + \omega u \bar{\psi}_{2fD}\right], \quad r_D \geqslant R_{fD} \\ (1-\omega)u\bar{\psi}_{2mD} = \lambda(\bar{\psi}_{2fD}-\bar{\psi}_{2mD}) \end{cases} \quad (5\text{-}45)$$

拉普拉斯空间下的初始条件：

$$\bar{\psi}_{1fD}(r_D,0) = \bar{\psi}_{1mD}(r_D,0) = \bar{\psi}_{2fD}(r_D,0) = \bar{\psi}_{2mD}(r_D,0) = 0 \quad (5\text{-}46)$$

拉普拉斯空间下的内边界条件：

$$C_D u \bar{\psi}_{wD} - \left.\dfrac{d\bar{\psi}_{1fD}}{dr_D}\right|_{r_D=1} = \dfrac{1}{u} \quad (5\text{-}47)$$

$$\bar{\psi}_{wD} = \left(\bar{\psi}_{1fD} - S\dfrac{d\bar{\psi}_{1fD}}{dr_D}\right)\bigg|_{r_D=1} \quad (5\text{-}48)$$

拉普拉斯空间下的内外区衔接面条件：

$$\bar{\psi}_{1fD}(R_{fD},t_D) = \bar{\psi}_{2fD}(R_{fD},t_D) \quad (5\text{-}49)$$

$$\left.\dfrac{d\bar{\psi}_{1fD}}{dr_D}\right|_{r_D=R_{fD}} = \dfrac{1}{M_{12}}\left.\dfrac{d\bar{\psi}_{2fD}}{dr_D}\right|_{r_D=R_{fD}} \quad (5\text{-}50)$$

拉普拉斯空间下的外边界条件：

$$\bar{\psi}_{2fD}(\infty,t_D) = \bar{\psi}_{2mD}(\infty,t_D) = 0, \quad \text{无限大外边界} \quad (5\text{-}51)$$

由式(5-44)和式(5-45)，可以得到$\bar{\psi}_{1fD}$、$\bar{\psi}_{1mD}$、$\bar{\psi}_{2fD}$、$\bar{\psi}_{2mD}$的通解为

$$\bar{\psi}_{1fD} = A I_0\left(\sqrt{uf(u)}\,r_D\right) + B K_0\left(\sqrt{uf(u)}\,r_D\right) \quad (5\text{-}52)$$

$$\bar{\psi}_{1mD} = \dfrac{\lambda}{(1-\omega)u+\lambda}\left[A I_0\left(\sqrt{uf(u)}\,r_D\right) + B K_0\left(\sqrt{uf(u)}\,r_D\right)\right] \quad (5\text{-}53)$$

$$\bar{\psi}_{2fD} = CI_0\left(\sqrt{M_{12}uf(u)}r_D\right) + DK_0\left(\sqrt{M_{12}uf(u)}r_D\right) \tag{5-54}$$

$$\bar{\psi}_{2mD} = \frac{\lambda}{(1-\omega)u+\lambda}\left[CI_0\left(\sqrt{M_{12}uf(u)}r_D\right) + DK_0\left(\sqrt{M_{12}uf(u)}r_D\right)\right] \tag{5-55}$$

其中,

$$f(u) = \frac{u\omega(1-\omega)+\lambda}{(1-\omega)u+\lambda} \tag{5-56}$$

而 A、B、C、D 为待定系数。

根据无限大外边界条件式(5-51)可得 $C=0$,于是 $\bar{\psi}_{2fD}$、$\bar{\psi}_{2mD}$ 的通解简化为

$$\bar{\psi}_{2fD} = DK_0\left(\sqrt{M_{12}uf(u)}r_D\right) \tag{5-57}$$

$$\bar{\psi}_{2mD} = \frac{\lambda}{(1-\omega)u+\lambda}DK_0\left(\sqrt{M_{12}uf(u)}r_D\right) \tag{5-58}$$

根据界面条件式(5-49)、式(5-50),将式(5-57)、式(5-58)代入可得

$$\begin{cases} AI_0\left(\sqrt{uf(u)}R_{fD}\right) + BK_0\left(\sqrt{uf(u)}R_{fD}\right) = DK_0\left(\sqrt{M_{12}uf(u)}R_{fD}\right) \\ A\sqrt{uf(u)}I_1\left(\sqrt{uf(u)}R_{fD}\right) - B\sqrt{uf(u)}K_1\left(\sqrt{uf(u)}R_{fD}\right) = -\frac{\sqrt{uf(u)}}{\sqrt{M_{12}}}DK_1\left(\sqrt{M_{12}uf(u)}R_{fD}\right) \end{cases} \tag{5-59}$$

此时,令 $a = \sqrt{uf(u)}R_{fD}$, $b = \sqrt{M_{12}uf(u)}R_{fD}$,将其代入式(5-59)整理可得

$$\begin{cases} AI_0(a) + BK_0(a) = DK_0(b) \\ AI_1(a) - BK_1(a) = -\frac{1}{\sqrt{M_{12}}}DK_1(b) \end{cases} \tag{5-60}$$

通过式(5-60)可用含有 A 的表达式来表达 B,即

$$B = \frac{A\left[I_1(a)K_0(b) + \frac{1}{\sqrt{M_{12}}}I_0(a)K_1(b)\right]}{K_0(b)K_1(a) - \frac{1}{\sqrt{M_{12}}}K_0(a)K_1(b)} \tag{5-61}$$

令

$$\mathrm{KI} = \frac{I_1(a)K_0(b) + \frac{1}{\sqrt{M_{12}}}I_0(a)K_1(b)}{K_0(b)K_1(a) - \frac{1}{\sqrt{M_{12}}}K_0(a)K_1(b)} \tag{5-62}$$

则

$$B = \mathrm{KI} \cdot A \tag{5-63}$$

再由内边界条件式(5-37)、式(5-38),将 $B=\mathrm{KI}\cdot A$ 代入整理可得如下方程组:

$$\begin{cases} C_D u\bar{\psi}_{WD} - A\left[\sqrt{uf(u)}I_1\left(\sqrt{uf(u)}\right) - \mathrm{KI}\cdot\sqrt{uf(u)}\cdot K_1\left(\sqrt{uf(u)}\right)\right] = \frac{1}{u} \\ \bar{\psi}_{WD} + A\left\{S\left[\sqrt{uf(u)}I_1\left(\sqrt{uf(u)}\right) - \mathrm{KI}\cdot\sqrt{uf(u)}\cdot K_1\left(\sqrt{uf(u)}\right)\right]\right. \\ \left. - \left[I_0\left(\sqrt{uf(u)}\right) + \mathrm{KI}\cdot K_0\left(\sqrt{uf(u)}\right)\right]\right\} = 0 \end{cases} \tag{5-64}$$

令

$$\begin{cases} X = \sqrt{uf(u)}I_1\left(\sqrt{uf(u)}\right) - \mathrm{KI} \cdot \sqrt{uf(u)} \cdot K_1\left(\sqrt{uf(u)}\right) \\ Y = S\left[\sqrt{uf(u)}I_1\left(\sqrt{uf(u)}\right) - \mathrm{KI} \cdot \sqrt{uf(u)} \cdot K_1\left(\sqrt{uf(u)}\right)\right] - \left[I_0\left(\sqrt{uf(u)}\right) + \mathrm{KI} \cdot K_0\left(\sqrt{uf(u)}\right)\right] \end{cases}$$
(5-65)

则方程组(5-64)可简化为

$$\begin{cases} C_\mathrm{D} u \overline{\psi}_\mathrm{WD} - AX = \dfrac{1}{u} \\ \overline{\psi}_\mathrm{WD} + AY = 0 \end{cases} \tag{5-66}$$

由克拉默法则得

$$\overline{\psi}_\mathrm{WD} = \dfrac{1}{u\left(C_\mathrm{D} u + \dfrac{X}{Y}\right)} \tag{5-67}$$

下面对 X/Y 进行计算：

$$\dfrac{X}{Y} = \dfrac{\sqrt{uf(u)}I_1\left(\sqrt{uf(u)}\right) - \mathrm{KI} \cdot \sqrt{uf(u)} \cdot K_1\left(\sqrt{uf(u)}\right)}{S\left[\sqrt{uf(u)}I_1\left(\sqrt{uf(u)}\right) - \mathrm{KI} \cdot \sqrt{uf(u)} \cdot K_1\left(\sqrt{uf(u)}\right)\right] - \left[I_0\left(\sqrt{uf(u)}\right) + \mathrm{KI} \cdot K_0\left(\sqrt{uf(u)}\right)\right]}$$
(5-68)

式(5-68)右端上下同时除以 $\sqrt{uf(u)}I_1\left(\sqrt{uf(u)}\right) - \mathrm{KI} \cdot \sqrt{uf(u)} \cdot K_1\left(\sqrt{uf(u)}\right)$ 并整理可得

$$\dfrac{X}{Y} = \dfrac{1}{S - \dfrac{I_0\left(\sqrt{uf(u)}\right) + \mathrm{KI} \cdot K_0\left(\sqrt{uf(u)}\right)}{\sqrt{uf(u)}I_1\left(\sqrt{uf(u)}\right) - \mathrm{KI} \cdot \sqrt{uf(u)} \cdot K_1\left(\sqrt{uf(u)}\right)}} \tag{5-69}$$

在式(5-69)复杂项中的分式上下两端同时除以 $I_0\left(\sqrt{uf(u)}\right)$，并且令

$$I_{12} = \dfrac{I_1\left(\sqrt{uf(u)}\right)}{I_0\left(\sqrt{uf(u)}\right)} \tag{5-70}$$

$$\mathrm{KI}_0 = \dfrac{K_0\left(\sqrt{uf(u)}\right)}{I_0\left(\sqrt{uf(u)}\right)} \tag{5-71}$$

$$\mathrm{KI}_1 = \dfrac{K_1\left(\sqrt{uf(u)}\right)}{I_0\left(\sqrt{uf(u)}\right)} \tag{5-72}$$

整理可得

$$\dfrac{X}{Y} = \dfrac{1}{S - \dfrac{1 + \mathrm{KI} \cdot \mathrm{KI}_0}{\sqrt{uf(u)}I_{12} - \mathrm{KI} \cdot \sqrt{uf(u)} \cdot \mathrm{KI}_1}} \tag{5-73}$$

令

$$\overline{\psi}_{0\mathrm{D}}(u, R_\mathrm{fD}, M_{12}) = \dfrac{\sqrt{uf(u)}\left(\mathrm{KI} \cdot \mathrm{KI}_1 - I_{12}\right)}{1 + \mathrm{KI} \cdot \mathrm{KI}_0} \tag{5-74}$$

则有

$$\frac{X}{Y} = \frac{1}{S + \dfrac{1}{\bar{\psi}_{0D}}} = \frac{\bar{\psi}_{0D}}{S\bar{\psi}_{0D} + 1} \tag{5-75}$$

将式(5-75)代入式(5-67)中，整理可得双重介质径向复合地层无限大边界条件下数学模型在拉普拉斯空间中的解为

$$\bar{\psi}_{wD} = \frac{1}{u\left[C_D u + \dfrac{\bar{\psi}_{0D}}{S\bar{\psi}_{0D} + 1}\right]} = \frac{1 + S\bar{\psi}_{0D}}{u\left[\bar{\psi}_{0D} + C_D u(1 + S\bar{\psi}_{0D})\right]} \tag{5-76}$$

5.2 高含硫气藏试井曲线敏感性分析

5.2.1 单一介质径向复合地层试井典型曲线影响因素分析

1. 流动特征曲线

基于 Stehfest 数值反演算法对单一介质高含硫气藏不稳定渗流数学模型的解进行反演，得到实空间条件下无因次拟压力及其导数曲线图版(双对数曲线)，分析高含硫气藏气井渗流特征。无因次曲线图版中无因次时间的表达式为 t_{aD}，无因次拟压力的表达式为 $\psi'_{wD} t_{aD}$。

如图 5-3 所示，对于典型的高含硫气藏无限大复合地层试井曲线，其拟压力和拟压力导数曲线可以划分为 5 个阶段。

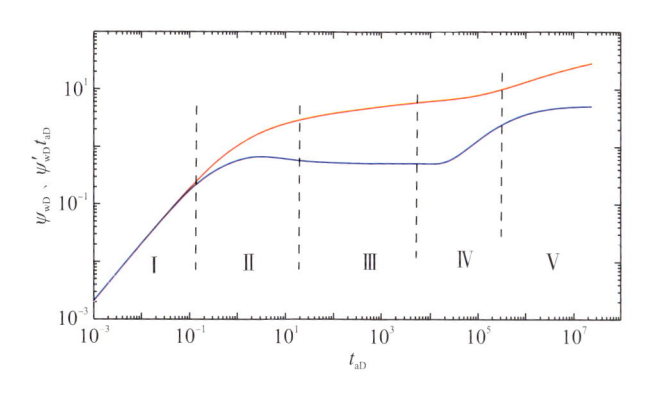

图 5-3 无限大复合地层试井分析典型曲线(外区与内区流度比 $M<1$)

(1)第 I 阶段：井储阶段，无因次拟压力及其导数曲线重合，并表现为斜率为 1 的直线段，此阶段数值大小、持续时间主要受到井筒储集系数的影响。

(2)第Ⅱ阶段：过渡流阶段，受到井筒附近储层污染的影响，导数曲线表现出一个驼峰，驼峰的高低主要取决于 $C_\text{D}\text{e}^{2S}$ 值的大小。

(3)第Ⅲ阶段：内区径向流阶段，该流程阶段导数曲线表现为对应数值为 0.5 的水平直线段。

(4)第Ⅳ阶段：内外区过渡流阶段，受到内外驱物性的影响，无因次拟压力及其导数曲线发生弯曲，导数曲线上翘($M<1$)或者下降($M>1$)受到外区与内区流度比的影响。

(5)第Ⅴ阶段：外区径向流阶段，该阶段的曲线特征为拟压力导数曲线再次出现水平段，表明复合地层的外区达到了径向流阶段。内外区径向流阶段导数曲线数值比例与储层流度比一致。

2. 敏感性参数分析

1)流度比的影响

不同外区与内区流度比(M)条件下的高含硫气藏试井典型曲线图如图 5-4 所示。当 $M>1$ 时，表征内区渗透率低于外区渗透率，无因次拟压力导数曲线下掉且晚期水平线的对应数值小于 0.5；当 $M<1$ 时，无因次拟压力及其导数曲线同时上翘，第二径向流阶段导数曲线的水平线对应数值为 $1/(2M)$。

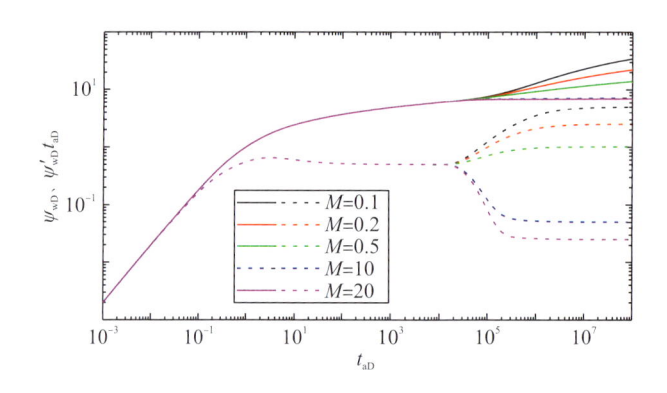

图 5-4 不同外区与内区流度比下的无限大复合地层试井典型曲线

对于高含硫气井而言，由于地层硫沉积主要发生在近井地带，导致内区物性低于外区，外区与内区流度比 $M>1$，同时地层硫沉积量随着生产的进行不断增大，导致内区物性不断降低，因此本书主要讨论 $M>1$ 的情形。

2)储集系数的影响

由图 5-5 可知，任意井筒储集系数下井储效应阶段气井无因次拟压力及其导数曲线重合，表现为斜率等于 1 的曲线；无因次井筒储集系数主要改变井储集效应阶段曲线位置的高低和持续时间的长短。无因次井筒储集系数越大，无因次拟压力及其导数曲线的位置越低、井储阶段持续时间越长，可能导致早期过渡流阶段的特征被掩盖。

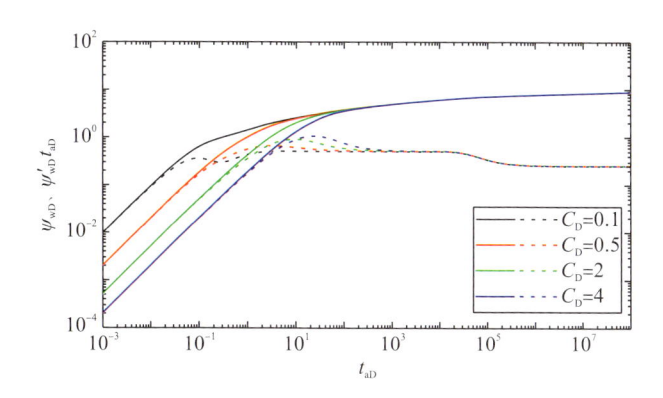

图 5-5　不同储集系数下的无限大复合地层试井典型曲线

3)内区半径的影响

图 5-6 反映了硫沉积污染半径(内区半径)对试井典型曲线的影响,内区半径越大,早期径向流阶段持续时间越长。地层硫沉积范围为井筒附近,当内区半径较小时地层硫沉积的影响可能表现为类似于表皮系数的特征,早期径向流阶段缺失。

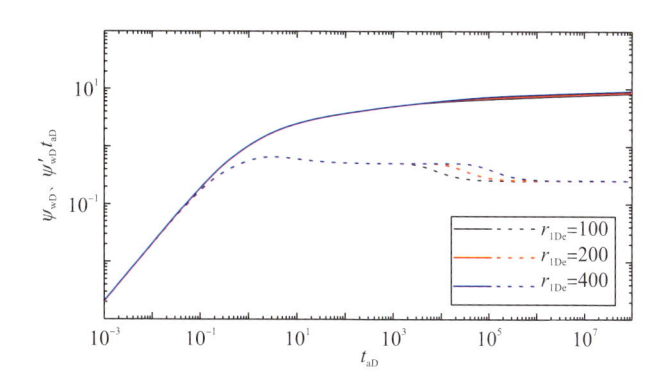

图 5-6　不同内区半径下的无限大复合地层试井典型曲线

3. 含硫饱和度的影响

发生地层硫沉积后,内外区渗透率的差异主要由单质硫的饱和度决定,忽略内外区气体黏度的影响,根据 Robert 提出的地层相对渗透率与含硫饱和度的关系可以得到外区与内区流度比和含硫饱和度之间的关系:

$$M = \frac{1}{\exp(aS_\mathrm{S})}$$

不同含硫饱和度(S_S)影响下的无因次拟压力及其导数曲线特征,如图 5-7 所示。

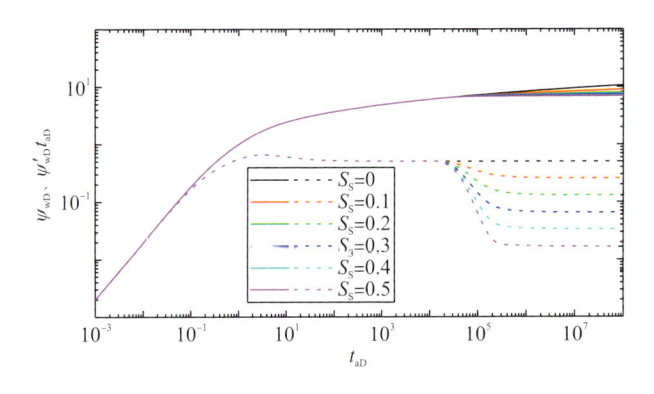

图 5-7 不同含硫饱和度影响下的气井压力动态特征曲线

由图 5-7 可知，随着含硫饱和度(S_S)的增加，外区径向流阶段无因次拟压力导数曲线值越低，表明气井生产过程中压力消耗主要集中在近井地层硫沉积区域。当地层含硫饱和度大于 0.5 时，无因次拟压力导数曲线值接近于 0.01，气井渗流曲线表现出定压边界的特征。

5.2.2 双重介质径向复合地层试井典型曲线影响因素分析

1. 流动特征曲线

采用 Stehfest 数值反演算法计算了考虑地层硫沉积影响的双重介质复合地层的不稳定试井典型曲线，如图 5-8 所示。由典型曲线图版可知，双重介质高含硫气藏发生地层硫沉积后，气井生产引发的地层流动可以分为 5 个阶段。

(1)第Ⅰ阶段：井筒储集效应阶段，无因次拟压力及其导数曲线重合，表现为一条斜率为 1 的直线，反映了井筒储集效应作用的结果。

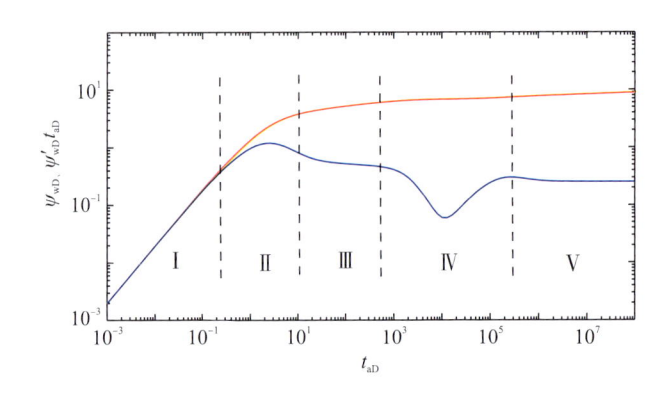

图 5-8 双重介质径向复合地层试井典型曲线(内区与外区流度比 $M_{12}<1$)

(2)第Ⅱ阶段：过渡流阶段，受到井筒附近储层污染的影响，导数现象表现出一个驼峰，驼峰的高低主要取决于 $C_D e^{2S}$ 值的大小。

(3)第Ⅲ阶段：早期线性流阶段，无因次拟压力导数曲线表现为一条水平线，对应数值约为 0.5。

(4)第Ⅳ阶段：基质向裂缝的窜流阶段，气井生产一段时间后，天然裂缝与储层基质建立了生产压差，基质系统向裂缝系统供气，无因次拟压力导数曲线存在一个"凹陷"。"凹陷"开始的时间取决于窜流系数的大小，"凹陷"的深度取决于弹性储容比的大小。

(5)第Ⅴ阶段：径向流阶段，拟压力导数表现为由曲线过渡到对应数值等于 $0.5M_{12}$ 的水平直线段，反映的是气体在地层中两区系统的径向流特征。

2. 试井典型曲线影响因素分析

储层天然裂缝发育是川东北地区飞仙关组鲕滩气藏气井高产的一个重要因素，这里绘制了不同参数影响下的气井不稳定拟压力曲线图版，分析各参数对鲕滩气藏气井压力曲线影响特征，便于提升储层认识结果。

1) 弹性储容比的影响

对于天然裂缝发育的储层而言，其与常规孔隙型或孔洞型储层主要的区别表现在天然裂缝是气体运移的主要通道，而基质系统或者天然溶洞是气体的主要储集空间，基质系统（包含溶洞）作为"源"向裂缝系统供给气体。因此，这类双重介质系统中主要存在基质向裂缝供气的现象，在对应的无因次拟压力导数曲线中表现出一个向下的"凹陷"（图 5-9）。

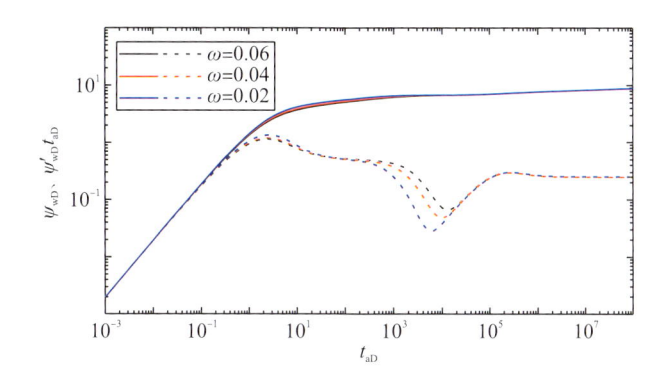

图 5-9　弹性储容比对高含硫双重介质气藏试井典型曲线的影响

弹性储容比表征裂缝系统与总系统的储量比值，弹性储容比引起的窜流效应主要发生在早期线性流阶段，弹性储容比越大则无因次拟压力导数曲线"凹陷"越深，表面基质系统向裂缝系统补充量越充足。

2) 窜流系数的影响

窜流系数主要表征基质系统与裂缝系统的流动能力比值，主要反映基质系统与裂缝系统流动能力差异，窜流系数越大则裂缝发育越密集或者基质系统渗透率越大。因此窜流系数越大则基质系统向裂缝供气发生的时间越早，窜流阶段的"凹陷"形成的时间越快。

图 5-10 显示，内区与外区流度比 M_{12} 越大，外区径向流段的拟压力和拟压力导数曲线的位置就越高；反之，外区曲线位置越低，表现为对应数值等于 $0.5M_{12}$ 的水平直线段。当 $M_{12}=1$，即内区与外区的流度相同时，该模型即为双重介质气藏模型，拟压力导数曲线仅为一条对应数值等于 0.5 的水平直线。

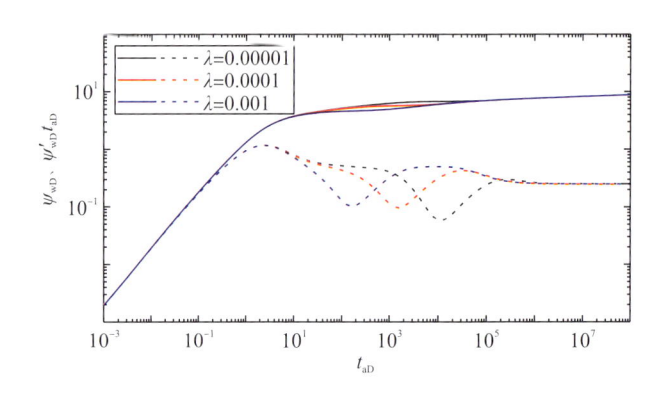

图 5-10　窜流系数对高含硫双重介质气藏试井典型曲线的影响

3) 含硫饱和度的影响

不同含硫饱和度、不同外区与内区流度比条件下的无限大边界气井压力动态特征曲线如图 5-11 所示。从图中不难看出，随着含硫饱和度的增加，外区与内区流度比值不断增大，导致无因次拟压力导数曲线末端下行。

(a) 不同含硫饱和度

(b) 不同外区与内区流度比

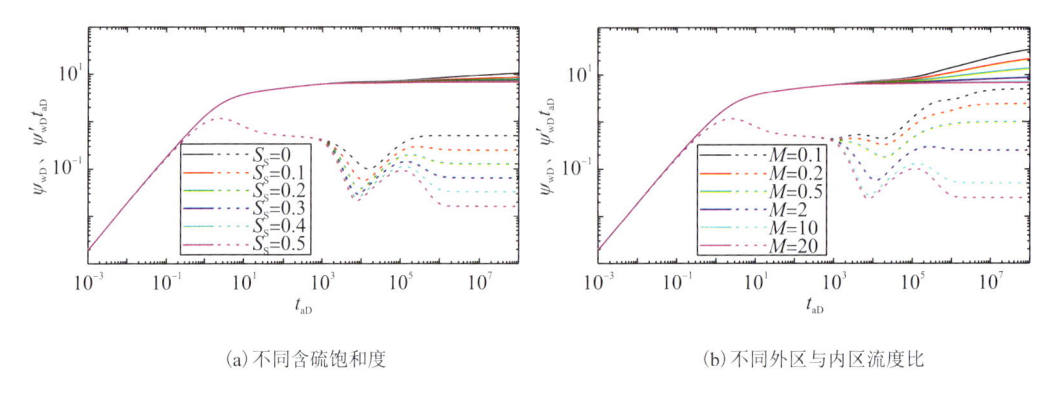

图 5-11　不同含硫饱和度、外区与内区流度比影响下的气井压力动态特征曲线

5.3　高含硫气藏试井解释方法

利用本书建立的理论模型对实际气井测试数据进行拟合解释，解释方法如下。

(1) 绘制实测数据关井恢复压力差值 ΔP 与关井 Δt 及其导数的曲线关系，选择合适的典型曲线图版进行拟合。

(2) 在双对数曲线下将实测资料与典型曲线拟合，选取任意一个拟合点 M，记录实测曲线拟合点与实测曲线拟合点值，并计算相应数据的比值，得到拟合值 $(C_D e^{2S})_M$，则有

$$P_M = \frac{P_D}{\Delta P^2} \tag{5-77}$$

$$T_M = \frac{t_D}{C_D \Delta t} \tag{5-78}$$

(3) 根据拟合参数确定的值，计算气井对应的流度、井筒储集系数、表皮系数等参数。

$$\left(\frac{Kh}{\mu}\right)_1 = 0.0127 q_{sc} Z T P_M \tag{5-79}$$

$$\left(\frac{Kh}{\mu}\right)_2 = M\left(\frac{Kh}{\mu}\right)_1 \tag{5-80}$$

$$C = 22.6 \left(\frac{Kh}{\mu}\right)_1 \frac{1}{T_M} \tag{5-81}$$

$$C_D = \frac{0.1592 C}{\varphi C_t h r_w^2} \tag{5-82}$$

$$S = \frac{1}{2} \ln \frac{(C_D e^{2S})_M}{C_D} \tag{5-83}$$

$$r_f = a r_w e^{-S} \tag{5-84}$$

$$S_S = -\frac{1}{a} \ln M \tag{5-85}$$

其中，$\left(\frac{Kh}{\mu}\right)_1$ 为内区流动系数；$\left(\frac{Kh}{\mu}\right)_2$ 为外区流动系数；P_D 和 t_D/C_D 分别为拟合点对应的理论图版上的横、纵坐标；ΔP^2、Δt 分别为拟合点对应的实测曲线上的横、纵坐标；P_M、T_M 分别为拟合压力和拟合时间；C、C_D 分别为井筒储积常数和无因次井筒常数；r_f 为复合地层不连续界面位置，等于内区半径；S_S 为含硫饱和度。

5.4 现场应用实例

针对川东北地区飞仙关组鲕滩气藏某口生产井开展了压力恢复测试，该井储层中部埋深约为 5600m，原始地层压力为 56.77MPa，地层温度为 130℃，测试产量为 $53.25 \times 10^4 \text{m}^3/\text{d}$。首先绘制双对数条件下的压力恢复及其导数曲线，然后根据相应特征选取不同类型的解释模型。

绘制的测试气井压力恢复双对数曲线如图 5-12 所示，半对数曲线如图 5-13 所示。该井压力恢复曲线流动特征可以分为井筒储集效应阶段、过渡流阶段、内区拟径向流阶段和外区边界流动阶段。该井的试井曲线早期出现短暂的单位斜率线特征，反映了井筒的储集效应；过渡流阶段压力导数曲线呈凸峰状，气井具有一定的正表皮系数；过渡流阶段后出

现内区拟径向流阶段，反映了近井区气体流动特征；最后出现了压力导数水平段，这是远井区径向流特征的表现。外区流动阶段的导数曲线数值小于内区流动阶段，该井表现出内好外差的特征。基于上述诊断结论，选择均质两区径向复合地层试井模型进行解释。

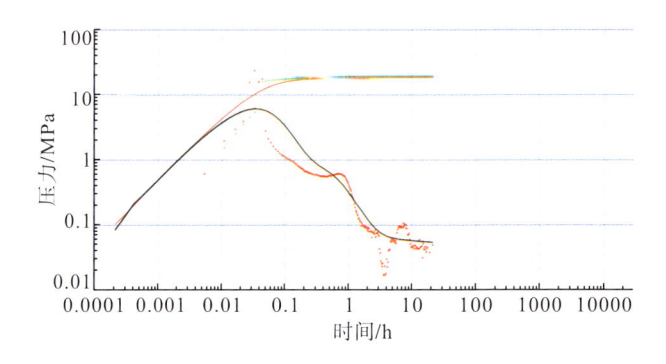

图 5-12 双对数曲线拟合分析图

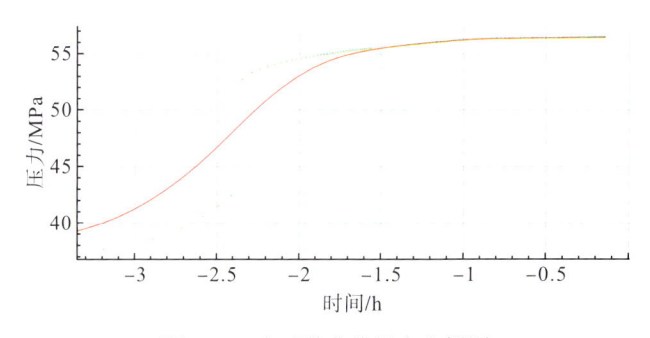

图 5-13 半对数曲线拟合分析图

在诊断分析的基础上选定试井解释模型后，通过调整匹配参数使理论曲线与实际数据拟合，取得最佳拟合效果后，得到该井的储层物性参数，见表 5-3。

表 5-3 试井解释结果

参数	数值
井筒储集系数/(m³/MPa)	0.189
表皮系数	2.16
近井区地层渗透率/mD	3.98
远井区地层渗透率/mD	48.54
远井区地层系数/(mD·m)	1431.93
近井区半径/m	35
气井有效探测半径/m	442
原始地层压力/MPa	56.61

第 6 章 川东北地区飞仙关组鲕滩气藏产量递减理论分析

目前，常用的产量递减分析方法包含传统产量递减分析方法和现代产量递减分析方法两类，其中传统产量递减分析方法以 Arps 产量递减分析方法为代表，而现代产量递减分析方法以 Blasingame 产量递减分析方法为代表。Arps 产量递减分析方法的最大优点就是无须了解地层参数情况，只需对日常生产数据进行分析，但只适用于生产井在定井底流压、生产完全进入边界控制期，该方法不适用于不稳定生产阶段。现代产量递减分析方法包含 Fetkovich、Blasingame、阿加瓦尔-加德纳（Agarwal-Gardner）、NPI（normalized pressure integral，归一化压力积分）和流动物质平衡产量递减分析方法 5 类。其中 Fetkovich 产量递减分析方法是以有界均质地层不稳定渗流理论为基础推导得到的，并将 Arps 产量递减分析方法结合起来，其典型曲线前半段为不稳定流动曲线而后半段为边界流动控制阶段曲线，形成了 Fetkovich-Arps 产量递减分析图版。该方法将图版扩展到了不稳定流动和边界流动控制阶段，形成了一套完整的、类似于试井分析的双对数产量递减曲线拟合方法，适用于气井定压生产的条件。实际气井生产过程中既不是定压也不是定产，因此传统产量递减分析方法和 Fetkovich-Arps 产量递减分析图版并不适用。针对上述问题，Blasingame 等考虑气体物性参数随着压力变化特征，引入物质平衡时间解决了气井变生产制度的问题，在图版中包含规整化产量、规整化产量积分、规整化产量积分导数 3 类曲线，有效地降低了模型的多解性。综上所述，现代产量递减分析方法中的 Blasingame 方法、Agarwal-Garden 方法通过引入拟压力规整化产量和物质平衡拟时间函数 t_{ca} 来处理变井底流压、变产量和天然气 PVT（即压力、体积和密度）性质随压力变化的影响。经过近一个世纪的发展，产量递减分析方法从单纯分析生产数据发展到产量与压力并重的阶段；分析模型从不考虑油气藏模型发展到解析与数值模型并行的阶段；分析方法从基于经验的 Arps 方法发展到双对数图版拟合阶段。

6.1 高含硫气藏常规产量递减分析理论

6.1.1 Arps 产量递减分析方法

Arps 产量递减分析方法是目前川东北地区高含硫气藏气井产量递减规律分析中运用较多的方法，该方法是 Arps 于 1945 年针对具有较长生产历史、处于定井底流压状态的油气井生产数据归纳总结得到的。Arps 产量递减分析方法是一种经验统计方法,可以获取任意气井产量递减特征和最终累计产量,其优点是适用于任意井型、计算方法简单[23]。Arps 产量递减分析方法的缺点主要有两点:①预测得到的单井最终累计产气量要求气井生产制度保持不变;②该方法只适用于处于边界流动阶段的气井,利用气井早期生产数据计算得到的递减率偏大。目前,常用的产量递减分析方法分为 5 种:指数递减、双曲递减、调和递减、衰竭递减和直线递减,前 3 种方法由 Arps 在 1945 年提出。

1. Arps 产量递减方程的建立

当气井的生产阶段为产量递减阶段时,递减率可由式(6-1)进行计算:

$$D = -\frac{1}{q}\frac{dq}{dt} \tag{6-1}$$

式中,q 为产量递减阶段 t 的产量,$10^8 m^3/a$;D 为递减率,a^{-1};dq/dt 为单位时间内的产量变化率。

产量递减的通式如下:

$$q = q_i (1 + nD_i t)^{-\frac{1}{n}} \tag{6-2}$$

式中,q_i 为产量递减初期的气井产量,$10^8 m^3/a$;n 为递减指数;D_i 为初始递减率,a^{-1};t 为气井生产时间,a。

对产量递减通式(6-2)沿着生产时间积分即可得到不同生产时间下的气井累计产量表达式:

$$G_p = \int_1^t q dt \tag{6-3}$$

$$G_p = \frac{q_i}{(1-n)D_i}\left[1 - (1+nD_i t)^{\frac{n-1}{n}}\right] \tag{6-4}$$

将式(6-2)中所得的生产时间 t 代入式(6-4)中,可得累计产量与产量的关系式:

$$G_p = \frac{q_i^n}{(1-n)D_i}\left(q_i^{1-n} - q^{1-n}\right) \tag{6-5}$$

将式(6-2)、式(6-5)作为联立方程组,化简可得

$$\frac{G_p}{q_i t} = \frac{n}{1-n}\frac{1-\left(\frac{q_i}{q}\right)^{n-1}}{\left(\frac{q_i}{q}\right)^n - 1} \tag{6-6}$$

当 n=0、1、-1 时,曲线可化为如下 3 种形式。

当 $n=0$ 时，

$$q = q_i e^{-D_i t} \tag{6-7}$$

称为指数递减。

当 $n=1$ 时，

$$q = q_i (1 + D_i t)^{-1} \tag{6-8}$$

称为调和递减。

当 $n=-1$ 时，

$$q = q_i (1 - D_i t) \tag{6-9}$$

称为直线递减。

3 种产量递减方程对应的 $G_p/q_i t$ - q_i/q 形式可由上述方法得到。

当 $n=0$ 时，

$$\frac{G_p}{q_i t} = \frac{1 - \left(\dfrac{q_i}{q}\right)^{-1}}{\ln\left(\dfrac{q_i}{q}\right)} \tag{6-10}$$

当 $n=1$ 时，

$$\frac{G_p}{q_i t} = \frac{1}{\left(\dfrac{q_i}{q} - 1\right)} \ln\left(\dfrac{q_i}{q}\right) \tag{6-11}$$

当 $n=-1$ 时，

$$\frac{G_p}{q_i t} = \frac{1}{2} \frac{\left(\dfrac{q_i}{q}\right)^{-2} - 1}{\left(\dfrac{q_i}{q}\right)^{-1} - 1} \tag{6-12}$$

2. Arps 产量递减方程的求解

本书采用线性回归方法对产量递减方程进行求解，首先假设已知递减指数 n，对 n 值可能存在的几种情况分别进行回归，得到 n 值所对应的 a_i、q_i 及线性相关系数 R^2；其次将各情况回归后的线性相关系数 R^2 进行比对，最后确定 n、a_i 和 q_i。具体作法及步骤如下。

1）指数递减（$n=0$）

$$q = q_i - a_i G_p \tag{6-13}$$

令

$$x = G_p, \quad y = q, \quad b_0 = q_i, \quad b_1 = -a_i \tag{6-14}$$

将式(6-14)代入式(6-13)，可得线性回归分析关系式：

$$y = b_0 + b_1 x \tag{6-15}$$

将生产数据代入式(6-15)，回归后得到系数 b_0、b_1 及相关系数 R_{01}^2，则 a_i、q_i 为

$$a_i = -b_1, \quad q_i = b_0$$

气井指数递减分析结果如图 6-1 所示。

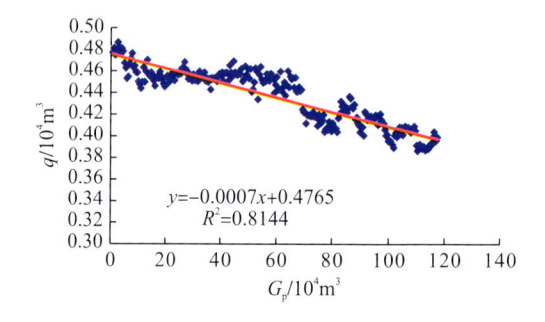

图 6-1 气井指数递减分析结果

2) 调和递减($n=1$)

$$\ln q = \ln q_i - \frac{a_i}{q_i} G_p \tag{6-16}$$

令

$$x = G_p, \quad y = \ln q, \quad b_0 = \ln q_i, \quad b_1 = -\frac{a_i}{q_i} \tag{6-17}$$

将式(6-17)代入式(6-16)，线性回归分析关系式为

$$y = b_0 + b_1 x \tag{6-18}$$

按与指数递减相同的方法，回归后得到系数 b_0、b_1 及相关系数 R_{02}^2，则 a_i、q_i 为

$$a_i = -e^{b_0} b_1, \quad q_i = e^{b_0} \tag{6-19}$$

气井调和递减分析结果如图 6-2 所示。

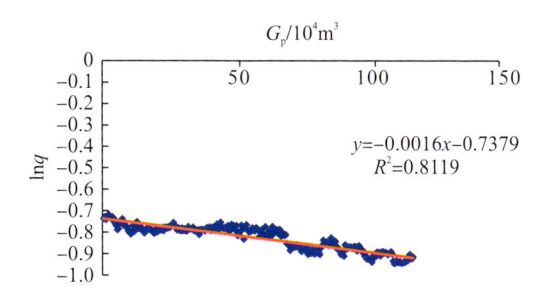

图 6-2　气井调和递减分析结果

3) 衰竭递减 ($n=0.5$)

$$\sqrt{q} = \sqrt{q_i} - \frac{a_i}{2\sqrt{q_i}} G_p \tag{6-20}$$

令

$$x = G_p, \quad y = \sqrt{q}, \quad b_0 = \sqrt{q_i}, \quad b_1 = -\frac{a_i}{2\sqrt{q_i}} \tag{6-21}$$

将式(6-21)代入式(6-20)，得线性回归关系式：

$$y = b_0 + b_1 x \tag{6-22}$$

回归后得到系数 b_0、b_1 及相关系数 R_{03}^2，则 a_i、q_i 为

$$a_i = -2b_0 b_1, \quad q_i = b_0^2 \tag{6-23}$$

气井衰竭递减分析结果如图 6-3 所示。

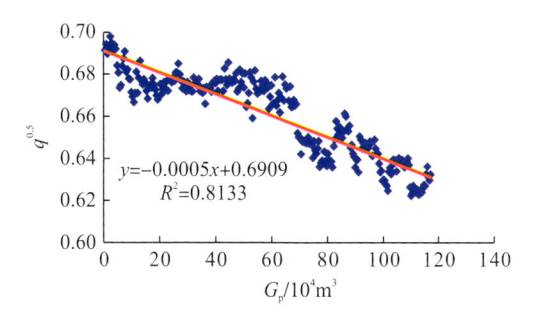

图 6-3　气井衰竭递减分析结果

4) 直线递减 ($n=-1$)

$$q^2 = q_i^2 - 2a_i q_i G_p \tag{6-24}$$

令

$$x = G_p, \quad y = q^2, \quad b_0 = q_i^2, \quad b_1 = -2a_i q_i \tag{6-25}$$

将式(6-25)代入式(6-24)得线性回归关系式：

$$y = b_0 + b_1 x \tag{6-26}$$

生产数据代入式(6-25)，回归后得系数 b_0、b_1 及相关系数 R_{04}^2，则 q_i、a_i 为

$$q_i = \sqrt{b_0}, \quad a_i = -\frac{b_1}{2\sqrt{b_0}} \tag{6-27}$$

气井直线递减分析结果如图 6-4 所示。

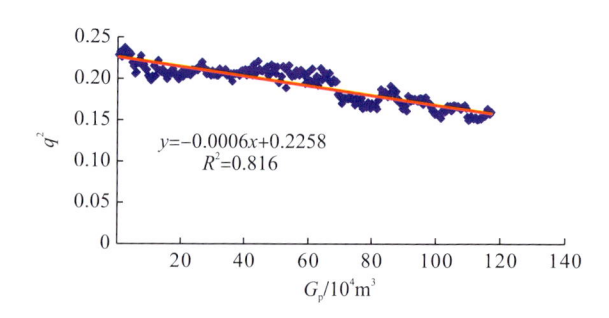

图 6-4 气井直线递减分析结果

5) 双曲递减 ($0<n<1$)

$$q^{1-n} = q_i^{1-n} - \frac{a_i(1-n)}{q_i^n} G_p \tag{6-28}$$

令

$$x = G_p, \quad y = q^{1-n}, \quad b_0 = q_i^{1-n}, \quad b_1 = -\frac{a_i(1-n)}{q_i^n} \tag{6-29}$$

据式(6-28)得线性回归关系式：

$$y = b_0 + b_1 x \tag{6-30}$$

气井双曲递减分析结果如图 6-5 所示。

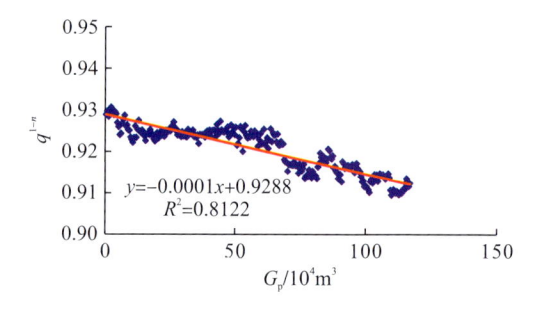

图 6-5 气井双曲递减分析结果 ($n=0.1$)

根据某口气井的生产数据特征及不同递减类型的线性关系(表 6-1)，绘制了 5 种类型的气井产量变化特征图版，通过分析可以知道，5 种产量递减分析方法均具有一定的拟合效果，其中气井直线递减的拟合效果最好，因此该井目前生产阶段符合直线递减特征。

第6章 川东北地区飞仙关组鲕滩气藏产量递减理论分析

表 6-1 产量递减规律表

项目		指数递减	双曲递减	调和递减	衰竭递减	直线递减
递减指数		$n=0$	$0<n<1$	$n=1$	$n=0.5$	$n=-1$
递减率		D 为常数	$D=D_\mathrm{i}\left(\dfrac{q}{q_\mathrm{i}}\right)^n$	$D=D_\mathrm{i}\dfrac{q}{q_\mathrm{i}}$	$D=D_\mathrm{i}\left(\dfrac{q}{q_\mathrm{i}}\right)^{0.5}$	$D=D_\mathrm{i}\dfrac{q_\mathrm{i}}{q}$
产量与时间的关系		$q=q_\mathrm{i}\mathrm{e}^{-Dt}$	$q=q_\mathrm{i}(1+nD_\mathrm{i}t)^{-\frac{1}{n}}$	$q=q_\mathrm{i}(1+D_\mathrm{i}t)^{-1}$	$q=q_\mathrm{i}\left(1+\dfrac{D_\mathrm{i}}{2}t\right)^{-2}$	$q=q_\mathrm{i}(1-D_\mathrm{i}t)$
		$\lg q=\lg q_\mathrm{i}-\dfrac{Dt}{2.303}$	$\left(\dfrac{q_\mathrm{i}}{q}\right)^n=1+nD_\mathrm{i}t$	$\dfrac{q_\mathrm{i}}{q}=1+D_\mathrm{i}t$	$\left(\dfrac{q_\mathrm{i}}{q}\right)^{0.5}=1+\dfrac{D_\mathrm{i}}{2}t$	$\dfrac{q_\mathrm{i}}{q}=(1-D_\mathrm{i}t)^{-1}$
产量与累计产量的关系		$G_\mathrm{p}=\dfrac{q_\mathrm{i}-q}{D_\mathrm{i}}$	$G_\mathrm{p}=\dfrac{1}{1-n}\dfrac{q_\mathrm{i}}{D_\mathrm{i}}\left[1-(1+nD_\mathrm{i}t)^{\frac{n-1}{n}}\right]$	$G_\mathrm{p}=\dfrac{q_\mathrm{i}}{D_\mathrm{i}}\ln\dfrac{q_\mathrm{i}}{q}$	$G_\mathrm{p}=\dfrac{2q_\mathrm{i}}{D_\mathrm{i}}\left[1-\left(\dfrac{q}{q_\mathrm{i}}\right)^{\frac{1}{2}}\right]$	$G_\mathrm{p}=\dfrac{q_\mathrm{i}}{2D_\mathrm{i}}\left[1-\left(\dfrac{q}{q_\mathrm{i}}\right)^2\right]$
		$q=q_\mathrm{i}-DG_\mathrm{p}$	$q^{1-n}=q_\mathrm{i}^{1-n}-\dfrac{D(1-n)}{q_\mathrm{i}^n}G_\mathrm{p}$	$\ln q=\ln q_\mathrm{i}-\dfrac{D_\mathrm{i}}{D_\mathrm{i}}G_\mathrm{p}$	$\sqrt{q}=\sqrt{q_\mathrm{i}}-\dfrac{D_\mathrm{i}}{2\sqrt{q_\mathrm{i}}}G_\mathrm{p}$	$q^2=q_\mathrm{i}^2-2D_\mathrm{i}q_\mathrm{i}G_\mathrm{p}$

注：n 为递减指数；D_i 为初始递减率；q_i 为初始产量；G_p 为统计时刻算起的累计采气量；D 为递减率；q 为产气量。

为更好地表征各类递减的差异，取 D_i=0.005 时，绘制了不同递减指数条件下气井产量及累计产量变化图版，如图 6-6 所示（指数递减 n=0、衰竭递减 n=0.5、调和递减 n=1）。

(a) 气井产量变化特征

(b) 气井累计产量变化特征

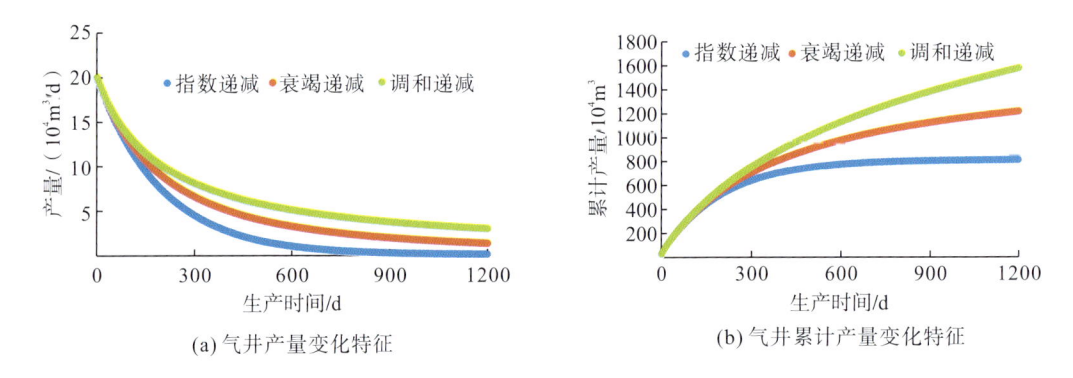

图 6-6　气井三种类型递减方式下产量和累计产量变化特征（D_i=0.005）

根据气井不同类型递减特征分析可以知道：初期递减率、产量一致时，不同类型的递减方式气井产量存在较大的差异，三者产量关系为指数递减＞衰竭递减（即双曲递减的一种特殊形式）＞调和递减。由此可见当气井的递减指数越大，则气井的产量递减变化越慢。在产量递减初期，三种递减类型较为接近，在研究该阶段的相关问题时，可以采用简单的指数递减类型进行研究；在产量递减阶段中期，曲线类型基本符合双曲递减，可采用双曲递减类型进行研究；当产量递减阶段达到后期时，曲线形态基本符合调和递减类型。

当针对现场实际的气井产量递减规律进行分析时，由于受自然条件及人为因素的影响，产量递减规律较为复杂，因此需要结合气井递减阶段的实际生产数据对产量递减类型进行判断，以达到可以有效预测未来产量的目的。

3. 广义 Arps 产量递减标准图版

Gentry 等利用式(6-5)绘制了 Arps 产量递减规律图版，由于实际气井生产情况复杂，因此当产量递减指数 n 的取值范围介于 $-1 \sim 1$ 时图版并不一定适用于任意气井。本书同样基于该式绘制了新的 Arps 产量递减规律图版，相较 Gentry 所绘制的图版，n 的取值范围从 $0 \sim 0.9$ 扩展为 $-100 \sim 100$，q_i/q 的取值范围从 $q_i/q>3$ 扩展为 $q_i/q>1$[97]。这可以考虑到当气井生产一段时间，产量即将进入递减时的情况，进一步扩大了图版的应用范围，本书将该图版称为广义 Arps 产量递减标准图版，如图 6-7 所示。

4. 利用图解法判断气井递减类型

图解法即基于实际的生产数据，结合不同递减类型的线性关系（表 6-1），选用其中一种递减类型的某两个变量作为横纵坐标进行线性回归，若所得图形为一条直线，则该气井的产量递减类型与所用的递减类型相匹配；若构不成线性关系，则该气井的产量递减类型不属于所用的递减类型，需采用其余类型的变量重新回归。具体而言：①若实际生产数据在 t-$\lg Q$ 坐标中为直线，则该类型为指数递减；②若实际生产数据在 $\lg Q$-N_p 坐标中为直线，则该类型为调和递减；③若实际生产数据在 t-Q 直角坐标中为直线，则该类型为直线递减；④若构不成上述 3 种情况，则该类型为双曲递减。

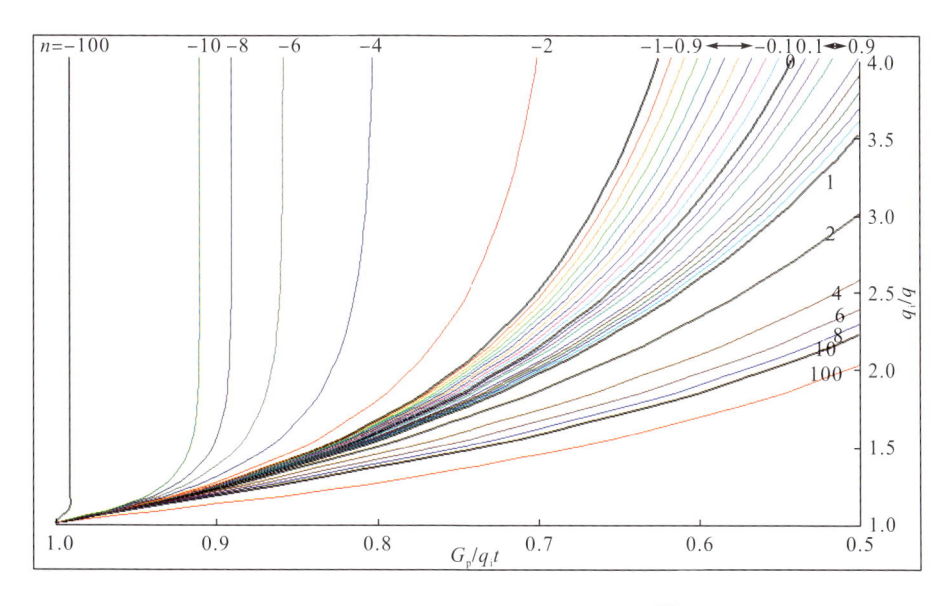

图 6-7　广义 Arps 产量递减标准图版[97]

总体上看，指数递减、调和递减、直线递减 3 种类型较双曲递减更容易判断，双曲递减判断难度较高。但由于双曲递减是一种变递减率的递减，因此更适用于天然驱动的气藏，在不同水压驱动的气藏中最为适用，具有适用范围较广的优点。

利用图解法确定气井的产量递减类型后，通过直线回归的方法，即可计算出直线的截距、斜率以及相关系数，以确定 Q_0、D_0、D 的值，将其代入相关公式，则可建立相关的产量递减公式。

5. Arps 产量递减方法的适用性及局限性

Arps 产量递减方法具有一定的适用性及局限性。

1）Arps 产量递减方法的适用性

(1) 适用于定压生产、面积恒定、渗透率和表皮系数恒定的气井。

(2) Arps 递减典型曲线图版可用于边界控制流阶段的分析，边界流之前的不稳定阶段并不适用。

(3) Arps 产量递减方法主要用于生产历史拟合，因此需确定生产历史的拟合范围以及产量的预测范围。

2）Arps 产量递减方法的局限性

(1) 难以求得递减类型的模型参数。

(2) 在无限长期开采条件下，当 Arps 递减指数 n 小于 0 或大于等于 1，且开采时间 t

趋近于无穷时，所求得的累产气/油量趋近于负无穷或正无穷，在此种条件下无法计算开采储量。

6.1.2 Logistic 递减曲线

1962 年，哈伯特(Hubbert)提出了逻辑斯谛(Logistic)递减曲线，之后陈元千等对该曲线进行进一步推导，并将其应用到油气田产能预测中，是目前我国使用范围较广的产量预测方法之一。该曲线处于 Arps 递减指数小于 0 的范围内，具有在定产条件下，开发后期产量递减速率较快的特点，对于低黏度的水驱油田有很好的应用效果[98]。

Logistic 递减曲线模型的原式为

$$y = \frac{b}{1+Ce^{-at}} \tag{6-31}$$

当该曲线用于描述累计产量和时间的关系时，上式可化作：

$$G_p = \frac{G_R}{1+Ce^{-at}} \tag{6-32}$$

产量与时间的关系可由式(6-31)求导所得

$$q = \frac{aCG_R e^{-at}}{(1+Ce^{-at})^2} \tag{6-33}$$

对式(6-33)求导可得

$$\frac{dq}{dt} = \frac{a^2 CG_R e^{-at}(Ce^{-at}-1)}{(1+Ce^{-at})^3} \tag{6-34}$$

当 $dq/dt = 0$ 时，可得

$$Ce^{-at} - 1 = 0 \tag{6-35}$$

将式(6-35)中的 t 移项到等式左侧，可得预测油气田年产量达到最高值所需时间(t_m)的关系式：

$$t_m = \frac{1}{a}\ln C \tag{6-36}$$

将式(6-36)代入式(6-33)，化简可得预测油气田最高年产量 q_{max} 的关系式：

$$q_{max} = \frac{1}{4}aN_R \tag{6-37}$$

将式(6-36)代入式(6-32)，化简可得年产量最高时的累计产量 G_{pm} 的关系式：

$$G_{pm} = \frac{1}{2}G_R \tag{6-38}$$

由式(6-38)可知，当累计产量达到可采储量的 50%时，年产气量达到峰值(最高值)。

由式(6-32)和式(6-33)可知，Logistic 递减曲线模型需确定 a、C、G_R 3 个常数的值。为进一步求解模型，将式(6-32)改写为

$$\frac{G_R}{G_p} - 1 = Ce^{-at} \tag{6-39}$$

当生产时间为 j 和 $j-1$ 时，进入递减期的气井累计产量 G_p 和对应时间的关系式为

$$\frac{G_R}{G_{p_j}} - 1 = Ce^{-at_j} \tag{6-40}$$

$$\frac{G_R}{G_{p_{j-1}}} - 1 = Ce^{-at_{j-1}} \tag{6-41}$$

对式(6-40)及式(6-41)取自然对数有

$$\ln\left(\frac{G_R}{G_{p_j}} - 1\right) = \ln C - at_j \tag{6-42}$$

$$\ln\left(\frac{G_R}{G_{p_{j-1}}} - 1\right) = \ln C - at_{j-1} \tag{6-43}$$

将式(6-43)与式(6-42)相减得

$$\ln\left(\frac{\dfrac{G_R}{G_{p_j}} - 1}{\dfrac{G_R}{G_{p_{j-1}}} - 1}\right) = -a(t_j - t_{j-1}) \tag{6-44}$$

气井实际的生产数据通常以等时间(1年)为间隔，即

$$t_j - t_{j-1} = 1 \tag{6-45}$$

故式(6-44)可以写为

$$\ln\left(\frac{\dfrac{G_R}{G_{p_j}} - 1}{\dfrac{G_R}{G_{p_{j-1}}} - 1}\right) = -a \tag{6-46}$$

将式(6-44)改写为

$$\frac{1}{G_{p_j}} = \frac{(1-e^{-a})}{G_R} + \frac{e^{-a}}{G_{p_{j-1}}} \tag{6-47}$$

令

$$\alpha = \frac{(1-e^{-at})}{G_R}, \quad \beta = e^{-a} \tag{6-48}$$

则可得

$$G_{p_j}^{-1} = \alpha + \beta G_{p_{j-1}}^{-1} \tag{6-49}$$

将式(6-49)中递减阶段的累计产量按式中关系绘于直角坐标系中，线性回归后，根据截距 α 和斜率 β 可求得模型中的常数 a 和可采储量 G_R。

常数 a：

$$a = -\ln\beta \tag{6-50}$$

可采储量 G_R：

$$G_R = \frac{1-\beta}{\alpha} \tag{6-51}$$

将式(6-50)和式(6-51)代入式(6-42)中，可得常数 C 的表达式为

$$C = \left(\frac{G_R}{G_p} - 1\right)e^{at} \tag{6-52}$$

由于不同时间所对应的 C 值不同，因此采用求和平均方法求取不同时间的 C 值，有

$$C = \frac{1}{m}\sum_{j=1}^{m}\left(\frac{G_R}{G_{p_j}} - 1\right)e^{at_j} \tag{6-53}$$

式中，m 为 t 与 G_p 的数值点数；t_j 为第 j 点的时间；G_{p_j} 为第 j 点的累计产量。

为研究常数 a、C 对 Logistic 曲线的影响，设 $G_R=1$，作不同 a、C 值所对应的 Logistic 曲线，a、C 分以下7种情况：①C=4，a=4；②C=8，a=2；③C=16，a=1；④C=32，a=0.5；⑤C=64，a=0.25；⑥C=128，a=0.125；⑦C=256，a=0.0625。将 a、C 值代入式(6-33)计算产量，作产量与时间的关系图版(图6-8)。

具体操作步骤如下。

(1) 将式(6-49)中递减阶段的累计产量按式中关系绘于直角坐标系中，线性回归后，得到截距 α 和斜率 β。

(2) 将截距 α 和斜率 β 代入式(6-50)和式(6-51)，计算得到 a、G_R。

(3) 将 a 和 G_R 代入式(6-33)计算得 C 值，根据式(6-53)求得 C 的平均值。

(4) 将 a、C 值代入式(6-32)、式(6-33)，求得气井的累计产量和年产量。

由图6-8可知，除曲线①为递减型曲线外，其余几组曲线形态均呈现先增后减的趋势，类似正态分布，且 C 值越大、a 值越小时，曲线波动幅度越小。由此可知，Logistic 曲线可描述的产量变化类型较少。

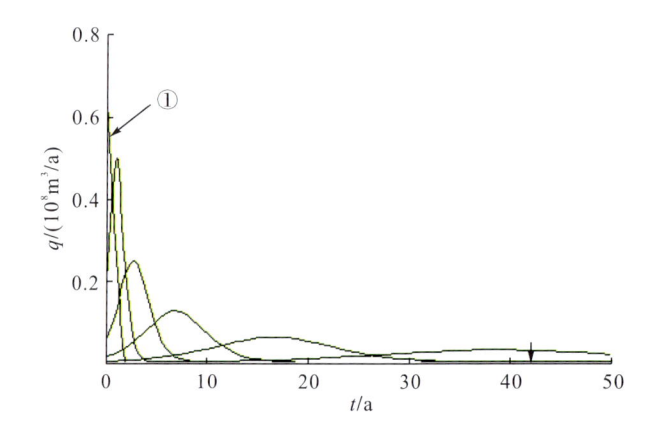

图6-8 不同 C、a 值对应的 Logistic 曲线

6.1.3 Weibull 递减曲线

韦布尔(Weibull)曲线是一种增长曲线，其模型原式为[99]：

$$F(t) = 1 - e^{-\frac{t^b}{a}} \tag{6-54}$$

式中，$a>0$，为缩尺参数；$b>0$，为形状参数。

当该曲线用于描述累计产量和时间的关系时，式(6-54)可化作：

$$G_p = G_R \left(1 - e^{-\frac{t^b}{a}}\right) \tag{6-55}$$

产量随时间变化的表达式由式(6-55)求导所得：

$$q = G_R e^{-\frac{t^b}{a}} \frac{b}{a} t^{b-1} \tag{6-56}$$

式(6-56)推导可得产量随时间的另一种表达式[31]：

$$\frac{G_R - G_p}{q} = \frac{a}{b} t^{1-b} \tag{6-57}$$

对式(6-57)等式两侧取自然对数，得

$$\ln\left(\frac{G_R - G_p}{q}\right) = \ln\left(\frac{a}{b}\right) + (1-b)\ln t \tag{6-58}$$

式(6-58)等式左侧的分子、分母同除以 G_R，变为

$$\ln\left(\frac{1 - \frac{G_p}{G_R}}{\frac{q}{G_R}}\right) = \ln\left(\frac{a}{b}\right) + (1-b)\ln t \tag{6-59}$$

式中，G_p/G_R 为最大采出程度；q/G_R 为最大采油速度；$(1-G_p/G_R)/(q/G_R)$ 为储采比。

为研究 a、b 值对 Weibull 曲线的影响，作不同 a、b 值所对应的 Weibull 曲线，假设 $G_R=1$ 时，设 a、b 值为以下 7 种情况：①$a=8$，$b=0.125$；②$a=4$，$b=0.25$；③$a=2$，$b=0.5$；④$a=1$，$b=1$；⑤$a=0.5$，$b=2$；⑥$a=0.25$，$b=4$；⑦$a=0.125$，$b=8$。将 a、b 值代入式(6-56)中计算产量，作产量与时间的关系图版(图 6-9)。

具体操作步骤如下。

(1) 将实际生产数据代入式(6-59)，进行线性回归后得到 a、b 值。
(2) 将 a、b 值代入式(6-56)，计算得到 q。
(3) 作产量 q 与时间 t 的关系图版。

需要注意的是，Weibull 曲线的覆盖面较广，其中甚至包含 Arps 递减曲线。但除 a、b 的几个特殊值外(如 $a=1$，$b=1$)，累计产量 G_p 没有解析解。

由图 6-9 可知，当 $b \leq 1$ 时，Weibull 曲线为递减型；当 $b>1$ 时，曲线形态呈先升后降的趋势，且 b 值越大，曲线变化幅度越大。因此 Weibull 曲线具有多种形态，可描述多

种产量变化类型。

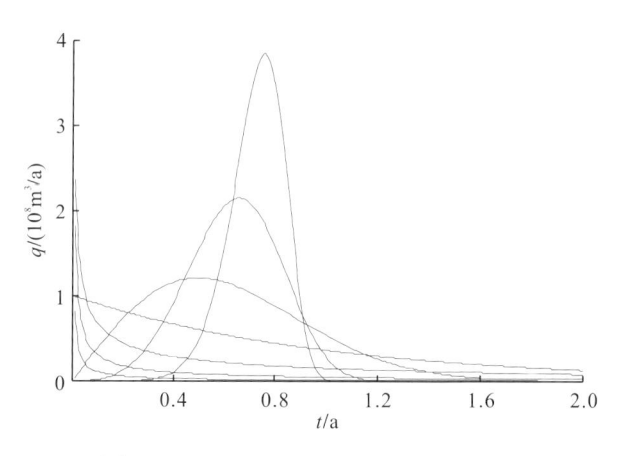

图 6-9 不同 a、b 值对应的 Weibull 曲线

6.1.4 翁氏产量预测模型

翁文波教授于 1984 年首次提出翁氏模型，由于没有有效的方法求解该模型中的 3 个待定参数，因此最初的翁氏模型无法用于预测油气田的可采储量。为有效解决该问题，陈元千教授重新推导了翁氏模型，由此提出了广义翁氏模型：

$$q = at^b e^{-\frac{t}{C}} \quad (6\text{-}60)$$

在式(6-60)右侧引入参数 C，得

$$q = aC^b \left(\frac{t}{C}\right)^b e^{-\frac{t}{C}} \quad (6\text{-}61)$$

令

$$t = y - y_0 \quad (6\text{-}62)$$

将式(6-62)代入式(6-61)，得

$$q = aC^b \left(\frac{y - y_0}{C}\right)^b e^{-\frac{y - y_0}{t}} \quad (6\text{-}63)$$

式中，y 为投产后某年的年份；y_0 为投产时的年份。

令

$$a_w = aC^b, \quad t_w = \frac{y - y_0}{C} \quad (6\text{-}64)$$

将式(6-64)代入式(6-63)，则有

$$q = a_w t_w^b e^{-t_w} \quad (6\text{-}65)$$

式(6-65)即是翁氏模型的原式，原式中的生产时间 t_w 与常数 C 有关。由于 C 值需通过与生产数据的拟合来确定，而且还需确定原式中的 a_w 值，使得该模型操作复杂、过程烦琐。为减少工作量、提高工作效率，本书将式(6-60)作为翁氏预测模型。

对式(6-60)求导得

$$\frac{\mathrm{d}q}{\mathrm{d}t} = at^{b-1}\mathrm{e}^{-\frac{t}{C}}\left(b - \frac{t}{C}\right) \tag{6-66}$$

当 $b - \frac{t}{C} = 0$ 时，油气田的产量达到最大值，即

$$t_{\mathrm{m}} = bC \tag{6-67}$$

将式(6-67)代入式(6-60)则可得到气井最高产量的计算公式：

$$q_{\max} = a\left(\frac{bC}{2.718}\right)^{b} \tag{6-68}$$

可采储量 G_{R} 的计算公式为[40]：

$$G_{\mathrm{R}} = aC^{b+1}\Gamma(b+1) \tag{6-69}$$

式(6-69)中，若 $b+1>2$，则伽马函数 $\Gamma(b+1)$ 的计算公式为

$$\Gamma(b+1) = b\Gamma(b) \tag{6-70}$$

若 $b<2$，则 $\Gamma(b)$ 可通过伽马函数表获得。

模型常数可由以下方法求解。

将式(6-60)中等式右侧的 t^b 移至左侧，可得

$$\frac{q}{t^{b}} = a\mathrm{e}^{-\frac{t}{C}} \tag{6-71}$$

对式(6-71)两边取常用对数有

$$\lg\left(\frac{q}{t^{b}}\right) = \lg a - \frac{1}{2.303C}t \tag{6-72}$$

由式(6-72)可知，在半对数坐标中，若 b 取值合理，则会使 q/t^b 和 t 存在线性关系。针对这种情况，本书采用线性试差法求解。

具体操作步骤如下。

(1)取一个 b 值，作 q/t^b 和 t 的半对数图，并对其进行线性拟合。

(2)若拟合结果不呈线性关系，则根据结果调整 b 值，直到 b 值准确，使 q/t^b 和 t 的线性关系成立。

(3)根据线性拟合得到的斜率和截距，计算常数 a、C 的值。

(4)将 a、b、C 代入式(6-60)、式(6-69)即得到产量和累计产量预测方程。

6.2　高含硫气藏现代产量递减分析理论

6.2.1　Fetkovich 产量递减分析方法

Arps 产量递减分析方法是一种基于经验的统计方法，虽然该方法只需要油气井生产数据且计算简便，不需要储层渗透率、孔隙度、含气饱和度、地层压力等物性参数，但该方法只适用于达到边界流动控制阶段的定压生产油气井，若采用该方法对气井早期数据进行统计分析，则计算得到的气井可采储量等参数会远远低于气井实际值。针对上述问题，

Fetkovich[24]以有界均质地层不稳定渗流理论为基础，根据封闭边界地层中的不稳定渗流理论，将试井分析中封闭地层的不稳定渗流公式引进产量递减分析中，将制作的图版与Arps图版进行有机结合，建立了一套完整的、类似于试井分析的双对数产量递减曲线拟合方法，该方法适用于早期不稳定流动阶段和晚期边界流动控制阶段。

Fetkovich基于圆形有界气井渗流模型研究气井早期不稳定渗流规律，模型的假设条件如下[24]。

(1)圆形封闭边界储层中部有一口定压生产的直井，其产量为 q，井底流压为 p_{wf}，井筒半径为 r_w。

(2)储层厚度为 h，地层孔隙度为 ϕ，综合压缩系数为 C_t，地层渗透率为 k，原始地层压力为 p_i。

(3)气体在储层中的流动符合达西定律，流体黏度为 μ，体积系数为 B，且不考虑表皮效应的影响。

该模型的无因次化定解方程如下：

$$\frac{1}{r_D}\frac{\partial}{\partial r_D}\left(r_D\frac{\partial P_D}{\partial r_D}\right)=\frac{\partial P_D}{\partial t_D} \tag{6-73}$$

定义的初始条件及内外边界条件如下。

初始条件：

$$P_D(r_D, D) = 0 \tag{6-74}$$

内边界条件：

$$P_D(1, t_D) = 1 \tag{6-75}$$

外边界条件：

$$\left.\frac{\partial P_D}{\partial r_D}\right|_{r_D=r_{eD}} = 0 \tag{6-76}$$

Van Eeverdingen 定义的无因次 q_D、t_D 分别为

$$q_D = \frac{141.3q\mu B}{kh(p_i - p_{wf})} \tag{6-77}$$

$$t_D = \frac{0.00634kt}{\phi \mu c_t r_w^2} \tag{6-78}$$

1. 不稳定流动阶段

当气井引发的地层流动为不稳定流动阶段时，可采用 Edwardson(1961 年)对 Van Everdingen 和 Hurst(1949 年)的计算使用多元非线性回归法得到的实空间的近似计算公式，即：

当 $0.01 < t_D < 200$ 时，

$$q_D = \frac{26.7544 + 43.5537(t_D)^{1/2} + 13.3813t_D + 0.492949(t_D)^{3/2}}{47.4210(t_D)^{1/2} + 35.5372t_D + 2.60967(t_D)^{3/2}} \tag{6-79}$$

当 $t_D \geq 200$ 时，

$$q_D = \frac{3.90086 + 2.02623 t_D (\ln t_D - 1)}{t_D (\ln t_D)^2} \tag{6-80}$$

2. 边界流动控制阶段

在定产量内边界条件下，拟稳定条件下的无因次压力表达式为

$$p_{wD} = \frac{2t_D}{r_{eD}^2} + \ln r_{eD} - \frac{3}{4} \tag{6-81}$$

在拉普拉斯空间下，公式(6-81)的无因次压力表达式是

$$\bar{p}_D(s) = \frac{2}{r_{eD}^2 s^2} + \frac{\ln r_{eD} - 0.75}{s} \tag{6-82}$$

在拉普拉斯空间下，Van Everdingen 和 Hurst(1949 年)认为，定压力内边界条件下的产量 $\bar{q}_D(s)$ 与定产量内边界条件下压力 $\bar{p}_D(s)$ 之间的关系满足：

$$\bar{q}_D(s) = \frac{1}{s^2 \bar{p}_D(s)} \tag{6-83}$$

将式(6-83)代入式(6-82)，得

$$\bar{q}_D(s) = \frac{1}{\ln r_{eD} - 0.75} \frac{1}{\dfrac{\dfrac{2}{r_{eD}^2}}{\ln r_{eD} - 0.75} + s} \tag{6-84}$$

Dave(1979 年)根据拉普拉斯反演，得到定压力内边界条件下圆形外边界影响阶段的表达式，即：

当 $t_D \geqslant 0.1\pi r_{eD}^2$ 时，

$$q_D = \frac{1}{\ln r_{eD} - 0.75} \exp\left[\frac{-2t_D}{r_{eD}^2 (\ln r_{eD} - 0.75)}\right] \tag{6-85}$$

Arps 定义的无因次函数分别为

$$q_{Dd} = \frac{q}{q_i} \tag{6-86}$$

$$t_{Dd} = D_i t \tag{6-87}$$

Fetkovich 建立了 Arps 无因次函数(q_{Dd}、t_{Dd})与 Van Everdingen 无因次函数(q_D、t_D)的关系，使曲线适用于不稳定流动阶段。Fetkovich 认为，弹性地层在定压开采时，无论 r_e/r_w 为何值，当压力波及边界以后，产量的递减模式都为指数递减：

$$q = \frac{J_0 (p_i - p_{wf})}{e^{\frac{q_{imax}}{G_{pi}} t}} \tag{6-88}$$

由采油指数的定义可知：

$$q_i = J_0 (p_i - p_{wf}) \tag{6-89}$$

$$J_0 = \frac{q_{i\max}}{p_i} \tag{6-90}$$

将式(6-90)代入式(6-89),得

$$q_{i\max} = \frac{q_i}{\left(1 - \dfrac{p_{wf}}{p_i}\right)} \tag{6-91}$$

将式(6-89)和式(6-91)代入式(6-88),得

$$\frac{q}{q_i} = e^{\left[\dfrac{-q_i}{\left(1 - \dfrac{p_{wf}}{p_i}\right)G_{pi}}\right]} \tag{6-92}$$

式(6-92)的假设条件是井底压力为恒定的。对于同一口井,无论井底流压的取值为多少,只要该值为一个恒定的值,那递减规律都为指数递减,因此井底流压的多少并不影响其递减模式。当井底流压为 0 时,递减规律更加符合实际情况,因此有

$$\frac{q}{q_i} = e^{-\dfrac{q_{i\max}}{G_{pi}}t} \tag{6-93}$$

初始递减率定义为

$$D_i = \frac{q_{i\max}}{G_{pi}} \tag{6-94}$$

将式(6-94)代入式(6-87),得

$$t_{Dd} = \frac{(q_i)_{\max}}{G_{pi}} t \tag{6-95}$$

根据储层参数的定义,G_{pi} 和 $q_{i\max}$ 的表达式为

$$G_{pi} = \frac{\pi(r_e^2 - r_w^2)\phi c_t h p_i}{5.615 B} \tag{6-96}$$

$$q_{i\max} = \frac{khp_i}{141.3\mu B\left[\ln\left(\dfrac{r_e}{r_w}\right) - \dfrac{1}{2}\right]} \tag{6-97}$$

将式(6-96)、式(6-97)代入式(6-95),得

$$t_{Dd} = \frac{0.00634 kt}{\phi \mu C_t r_w^2} \cdot \frac{1}{\dfrac{1}{2}\left[\left(\dfrac{r_e}{r_w}\right)^2 - 1\right]\ln\left(\dfrac{r_e}{r_w} - \dfrac{1}{2}\right)} \tag{6-98}$$

将式(6-78)代入式(6-98),化简得

$$t_{Dd} = \frac{t_D}{\dfrac{1}{2}\left[\left(\dfrac{r_e}{r_w}\right)^2 - 1\right]\ln\left(\dfrac{r_e}{r_w} - \dfrac{1}{2}\right)} \tag{6-99}$$

以 q_D 表示的无因次产量关系式为

$$q_{Dd} = \frac{q}{q_i} = q_D \left[\ln\left(\frac{r_e}{r_w}\right) - \frac{1}{2} \right] \tag{6-100}$$

将式(6-77)代入式(6-100)，得

$$q_{Dd} = \frac{q}{\dfrac{kh(p_i - p_{wf})}{141.3\mu B \left[\ln\left(\dfrac{r_e}{r_w}\right) - \dfrac{1}{2} \right]}} \tag{6-101}$$

天然气地质储量 G 表示为

$$G = \left(\frac{q}{q_{Dd}}\right)_{拟合} \frac{1}{C_t(p_i - p_{wf})} \left(\frac{t}{t_{Dd}}\right)_{拟合} \tag{6-102}$$

地层的渗透率 k 表示为

$$k = \left(\frac{q}{q_{Dd}}\right)_{拟合} \frac{70.6\mu B}{h(p_i - p_{wf})} \ln\left(\frac{4A}{e^\gamma C_A r_w^2}\right) \tag{6-103}$$

对于有界圆形油藏，地层的渗透率 k 也可通过下式计算：

$$k = \left(\frac{q}{q_{Dd}}\right)_{拟合} \frac{141.3\mu B}{h(p_i - p_{wf})} \left[\ln\left(\frac{r_e}{r_{wa}}\right) - \frac{3}{4} \right] \tag{6-104}$$

式(6-88)~式(6-104)中，J_0 为采油指数，$10^8 m^3/MPa$；q_i 为初始产量，$10^8 m^3/d$；μ 为气体黏度，$mPa \cdot s$；B 为地层体积系数；k 为有效渗透率，mD；h 为地层厚度，m；ϕ 为孔隙度，%；C_t 为综合压缩系数，MPa^{-1}；r_w 为井筒半径，m；r_e 为外边界半径，m；s 为表皮系数；C_A 为无因次形状系数；q_{imax} 为井底流压为 0 时的最大初始产量，$10^8 m^3/d$；G_{pi} 为关井压力为 0 时的累积产量，$10^8 m^3$；r_{wa} 为根据表皮效应确定的有效井筒半径，m；q_D、t_D 分别为无因次产量和无因次时间 [由穆尔(Moore)、斯希尔特赫伊斯(Schilthuis)、赫斯特(Hurst)于 1933 年提出]。

图版拟合的具体步骤如下。

(1) 绘制 $\lg q$ 与 t 的关系图版，或者当压力已知时，绘制 $q/\Delta p$ 与 t 的关系图版。
(2) 用 q_{Dd} 与 t_{Dd} 的关系曲线对生产数据进行拟合。
(3) 根据拟合结果，从中选取拟合精度最高的曲线，以确定不稳定 r_{eD} 部分和递减指数 n。

Fetkovich 图版由早期不稳定流动阶段及 Arps 递减曲线两部分组成。其中，早期不稳定流动阶段中 r_e 与 r_{wa} 比值的不同意味着曲线形态的不同；Arps 递减曲线部分中不同的 n 值同样对应着不同的曲线形态(图 6-10)。

Fetkovich 图版的适用条件如下：①气井以定井底流压的方式生产；②流动状态为单相流动；③流体均微可压缩(如高压气藏或压缩性较小的油藏)。

除此之外，只有气井生产达到边界流动阶段时 Fetkovich 图版才适用，这是由于 r_e 与 r_{wa} 比值具有多解性，因此若使用 Fetkovich 图版进行动态分析，仍需考虑生产条件的限制。

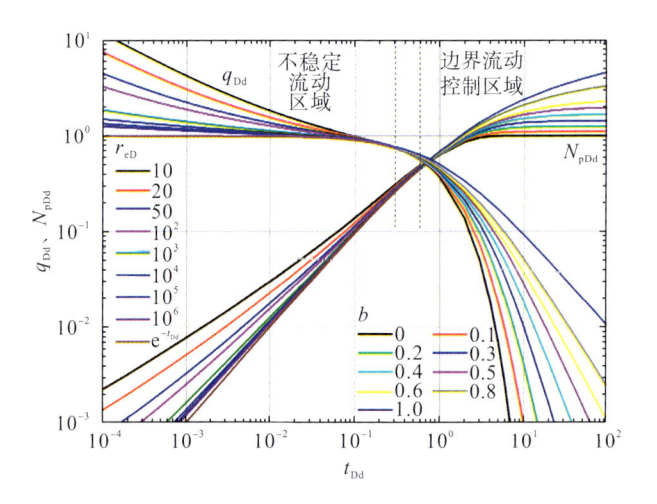

图 6-10 Fetkovich-Arps 产量、累计产量复合图版[114]

6.2.2 Blasingame 产量递减分析方法

Blasingame 标准图版考虑了产量和井底流压的变化，因此引入拟压力定义规整化产量（$q/\Delta p_p$）。对于气井而言，需要考虑气体物性随着温度和压力的变化，因此气井规整化产量的表达式如下[25]：

$$\frac{q}{\Delta p_p} = \frac{q}{p_{pi} - p_{pwf}} \tag{6-105}$$

式中，p_{pi} 为原始地层压力条件下的标准化拟压力，psi^2/(MPa·s)（1psi=6.895kPa）；p_{pwf} 为定井底流压下得到的拟压力，psi^2/(MPa·s)；p_p 为拟压力，其表达式为

$$p_p = \frac{\mu_i z_i}{p_i} \int_{p_{base}}^{p} \frac{p}{\mu z} dp \tag{6-106}$$

式中，μ_i 为原始气体黏度，mPa·s；z_i 为原始气体偏差系数；z 为气体偏差系数。

另外，图版还引入了物质平衡拟时间函数 t_{ca}，该函数的表达式为

$$t_{ca} = \frac{\mu_i C_{ti}}{Q} \int_0^t \frac{q}{\mu(\bar{p}) C_t(\bar{p})} dt \tag{6-107}$$

式中，$\mu(\bar{p})$ 为平均地层压力条件下的气体黏度，MPa·s；$C_t(\bar{p})$ 为平均气藏压力条件下的综合压缩系数，MPa^{-1}。

引入 Fetkovich 图版中 q_D、t_D 的表达式，则 Blasingame 图版中 $q/\Delta p_p$、t_{ca} 与 Fetkovich 图版中 q_D、t_D 的对应关系表示为

$$q_{Dd} = q_D \left[\ln\left(\frac{r_e}{r_{wa}}\right) - \frac{1}{2} \right] = \frac{q}{\Delta p_p} \left(\frac{1.417 \times 10^6 T}{kh}\right) \left[\ln\left(\frac{r_e}{r_{wa}}\right) - \frac{1}{2} \right] \tag{6-108}$$

$$t_{Dd} = \frac{t_D}{\frac{1}{2}\left[\left(\frac{r_e}{r_{wa}}\right)^2 - 1\right]\left[\ln\left(\frac{r_e}{r_{wa}}\right) - \frac{1}{2}\right]} = \frac{0.006328 k t_{ca}}{\frac{1}{2}\phi \mu C_{ti} r_{wa}^2 \left[\left(\frac{r_e}{r_{wa}}\right)^2 - 1\right]\left[\ln\left(\frac{r_e}{r_{wa}}\right) - \frac{1}{2}\right]} \tag{6-109}$$

式中，C_{ti} 为原始气藏压力下的系统综合压缩系数，MPa^{-1}；t_{ca} 为物质平衡拟时间，d。

除此之外，该图版还引入了拟压力标准化产量的积分形式和积分导数用以辅助分析，积分形式和积分导数的表达式如下。

规整化产量积分形式：

$$q_I = \frac{1}{t_{ca}} \int_0^{t_{ca}} \frac{q}{\Delta p_p} dt \tag{6-110}$$

规整化产量积分导数形式：

$$q_{id} = t_c \frac{dq_I}{dt_c} \tag{6-111}$$

式中，t_{ca} 为物质平衡拟时间，d；t_c 为物质平衡时间，d。

Blasingame 图版的拟合步骤如下。

(1) 初步估算一个单井井控储量 G，根据气井生产数据计算真实时间对应的物质平衡时间。

(2) 计算不同物质平衡时间对应的规整化产量、规整化产量积分、规整化化产量积分导数曲线，在直角坐标系中绘制规整化产量倒数与物质平衡时间的关系，通过直线段回归确定动态储量值 G_1。

(3) 通过不断重复(1)~(2)步进行迭代计算，直至单井控制储量计算结果满足精度要求。

(4) 选择相应的解释模型，如水平井、压裂井、径向流等。

(5) 在 q_{Dd}-t_{Dd} 图版中将标准化产量 $q/\Delta p$-t_c 的数据进行拟合，并选择不稳定 r_{eD} 部分。

(6) 绘制标准化产量积分函数 q_I 及标准化产量积分导数函数 q_{id}。

(7) 将图版曲线与 q_I 和 q_{id} 的数据进行拟合，从中选择最佳拟合点；同时将 q_I 和 q_{id} 曲线与标准化产量数据进行拟合；根据拟合结果，确定边界流动控制阶段特征。

(8) 最后通过相应公式计算不同的地层参数。

由 Blasingame 标准图版可以看出，在早期不稳定流动阶段，由于 r_e 与 r_{wa} 的比值不同，因此呈现出不同的曲线形态；当过渡到边界流动控制阶段时，曲线逐渐收拢，成为一条调和递减曲线(图 6-11)。

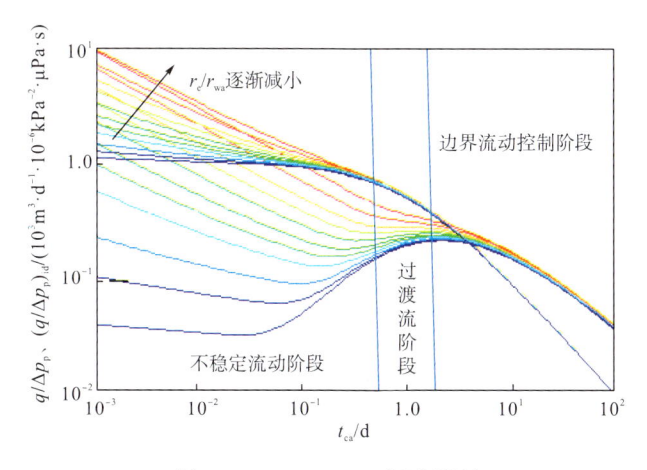

图 6-11 Blasingame 标准图版

通过计算 Blasingame 图版的拟合结果，可以获得渗透率、水平井渗透率、有效半径、裂缝半长、地质储量以及表皮系数等储层参数。相较于 Fetkovich 图版，Blasingame 图版考虑了压力对气体 PVT 性质的影响以及气井产量和井底流压的变化情况，而且 Blasingame 图版包含多种解释模型，如直井、水平井、水驱、井间干扰和直井裂缝等。此外，由于该模型采用标准化产量积分后求导的形式，使得 Blasingame 图版中的导数曲线较为平滑，易于判断曲线所对应的递减模式。但是由于标准化产量积分方法对早期数据的误差十分敏感，因此即使早期数据存在的误差值很小，在标准化产量积分后仍会出现极大的累积误差，从而降低图版的拟合精度。

6.2.3 Agarwal-Gardner 产量递减分析方法

Blasingame 方法引入拟压力规整化产量和物质平衡拟时间函数 t_{ca} 建立了适用于各类井型且矿场运用较为广泛的典型递减曲线图版，该方法突破了其他方法适用于直井、定压生产的前提条件。而 Agarwal 等在 Blasingame 递减分析方法的基础上，利用拟压力规整化产量和物质平衡拟时间函数 t_{ca} 与不稳定试井分析中无因次参数的关系，建立了 Agarwal-Garden 产量递减分析图版[26]。

1. Agarwal-Garden 产量递减图版的制作

假设在外边界半径为 r_e 的圆形封闭地层中，一口井以恒定产量 q 进行生产；井底流压为 p_{wf}，地层厚度为 h，地层原始压力为 p_i，井筒半径为 r_w，地层孔隙度为 ϕ，综合压缩系数为 C_t，地层渗透率为 k，流体黏度为 μ，体积系数为 B。不考虑表皮效应的影响，其无因次的定解方程为

$$\frac{1}{r_D}\frac{\partial}{\partial r_D}\left(r_D\frac{\partial p_D}{\partial r_D}\right)=\frac{\partial p_D}{\partial t_D} \tag{6-112}$$

初始条件及边界条件的无因次化表达式为

$$p_D(r_D,0)=0 \tag{6-113}$$

$$\left(r_D\frac{\partial p_D}{\partial r_D}\right)_{r_D=1}=-1 \tag{6-114}$$

$$\left.\frac{\partial p_D}{\partial r_D}\right|_{r_D=r_{eD}}=0 \tag{6-115}$$

将式(6-112)～式(6-115)作拉普拉斯变换，得到拉普拉斯空间下的解，通过逆反演的方式求出实空间解，即得到 p_D 与 t_D 的关系式：

$$p_D=\frac{2}{r_{eD}^2-1}\left(\frac{1}{4}+t_D\right)-\frac{3r_{eD}^4-4r_{eD}^4\ln r_{eD}-2r_{eD}^2-1}{4\left(r_{eD}^2-1\right)^2}+2\sum_{n=1}^{\infty}\frac{e^{-\beta_n^2 t_D}J_1^2(\beta_n r_{eD})}{\beta_n^2\left[J_1^2(\beta_n r_{eD})-J_1^2(\beta_n)\right]}$$

$$t_{DA}=\frac{3.6Kt_{ca}}{\phi\mu_i C_{ti}r_w^2}\frac{r_w^2}{A}=\frac{1}{\pi(r_{eD}^2-1)}t_D \tag{6-116}$$

其中，β_n 是方程 $J_1(\beta_n r_{eD})Y_1(\beta_n) - J_1(\beta_n)Y_1(\beta_n r_{eD}) = 0$ 的根。

1) 不稳定渗流早期

当 $100 \leqslant t_D < 0.1 r_{eD}^2$ 时，不稳定渗流早期（等价于无限大地层，使用无限大地层的定产量生产解）井底压力的无因次表达式为

$$p_D = \frac{1}{2}(\ln t_D + 0.80907) \tag{6-117}$$

2) 不稳定渗流晚期

当 $0.1 r_{eD}^2 \leqslant t_D < 0.25 r_{eD}^2$ 时，不稳定渗流晚期的无因次井底压力表达式为

$$p_D = \frac{2t_D}{r_{eD}^2} + \ln r_{eD} - \frac{3}{4} + 0.84 e^{-\frac{14.6819 t_D}{r_{eD}^2}} \tag{6-118}$$

3) 拟稳态期

当 $t_D \geqslant 0.25 r_{eD}^2$ 时，拟稳态期的无因次井底压力表达式为

$$p_{wD} = \frac{2t_D}{r_{eD}^2} + \ln r_{eD} - \frac{3}{4} \tag{6-119}$$

2. Agarwal-Garden 图版制作办法

在制作图版时，Agarwal 和 Garden（1998 年）引入基于井控面积的无因次时间变量、无因次产量、有效井半径等参数。

(1) 基于井控面积的无因次时间变量，即

$$t_D = \frac{3.6 K t_{ca}}{\varphi \mu_i C_{ti} A} = \frac{3.6 K t_{ca}}{\varphi \mu_i \pi r_e^2} = \frac{t_D}{\pi r_{eD}^2} \tag{6-120}$$

(2) 无因次产量的定义为

$$q_D = \frac{1}{p_D} = \frac{q p_{sc} T}{271.4 k h T_{sc}(p_{pi} - p_{pwf})} \tag{6-121}$$

式中，无因次井控半径为

$$r_{eD} = \frac{r_e}{r_{wa}} \tag{6-122}$$

上述定义中，考虑到气井的不完善性，采用了有效半径 r_{wa} 代井半径 r_w。

(3) 有效井半径为

$$r_{wa} = r_w e^{-S} \tag{6-123}$$

在 p_D 与 t_D 的关系式，即在式(6-120)~式(6-122)的基础上，将 q_D 与无因次物质平衡拟时间 t_{DA} 绘制在一张图上，其中横坐标为 t_{DA}，纵坐标为 q_D。如图 6-12 所示，在不稳定渗流时期，曲线是受 r_{eD} 控制的一簇曲线；随着 t_{DA} 的增大，在边界控制流动阶段，这簇曲线收敛为斜率为-1 的直线。

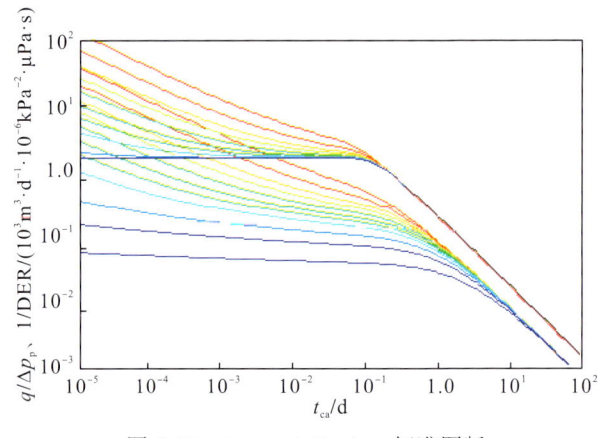

图 6-12 Agarwal-Gardner 标准图版

Agarwal-Gardner 图版的拟合步骤如下。
(1) 选择相应的解释模型，如水平流、裂缝流、径向流等。
(2) 在 q_D-t_{DA} 图版中将 $q/\Delta p$-t_{ca} 的数据进行拟合，并选择不稳定 r_{eD} 部分。
(3) 绘制倒数-压力-导数函数(1/DER)。
(4) 选择最佳拟合点，将倒数-压力-导数函数(1/DER)曲线与数据拟合，根据实际情况适当微调拟合结果。

Agarwal-Gardner 图版的适应性及功能性与 Blasingame 图版相同，但相较于 Blasingame 图版，该图版更易辨别不同的不稳定流动形态。此外，由于倒数-压力-导数函数要求数据具有较高的质量，若数据的连续性较差、分散程度较高，则该图版无法反映实际情况，拟合结果不具有分析意义。

6.2.4 NPI 产量递减分析方法

由于气井的实际生产数据通常具有连续性较差、分散程度较高的特点，因此亟须建立一种在积分后不受数据分散影响的方法。为此，Blasingame 提出了归一化压力积分(NPI)法[100]。

NPI 法中各参数的定义如下。
标准化产量倒数：

$$\frac{\Delta p_p}{q} = \frac{p_{pi} - p_{pwf}}{q} \tag{6-124}$$

压力-积分函数：

$$p_I = \frac{1}{t_{ca}} \int_0^{t_{ca}} \frac{\Delta p_p}{q} dt \tag{6-125}$$

压力-积分-倒数函数：

$$p_{id} = t_c \frac{dp_I}{dt_c} \tag{6-126}$$

NPI 标准图版(图 6-13)的拟合步骤如下。

(1)选择相应的解释模型,如水平流、裂缝流、径向流等。

(2)在 q_D-t_{DA} 图版中将 $q/\Delta p$-t_{ca} 的数据进行拟合,并选择不稳定 r_{eD} 部分。

(3)绘制压力-积分函数 p_I 及压力-积分-导数函数 p_{id}。

(4)将典型曲线 p_{Di}、p_{Did} 与数据拟合,根据实际情况适当微调拟合结果。

NPI 函数递减曲线与其他递减曲线都是通过标准图版来拟合实际生产数据以求取 k、s、r_e、r_{wa}、原始地质储量 G_i、裂缝半长 X_f、水平井的渗透率 k_h、k_v 等参数的值。

NPI 法与 Blasingame 分析法、Agarwal-Gardner 分析法的区别在于:后两种分析方法均采用标准化产量的形式来处理生产数据,而 NPI 法是通过产量标准化压力的积分形式来处理;三种方法所绘制的图版横坐标均是物质平衡拟时间,但 NPI 法所绘制图版的纵坐标为产量标准化压力。

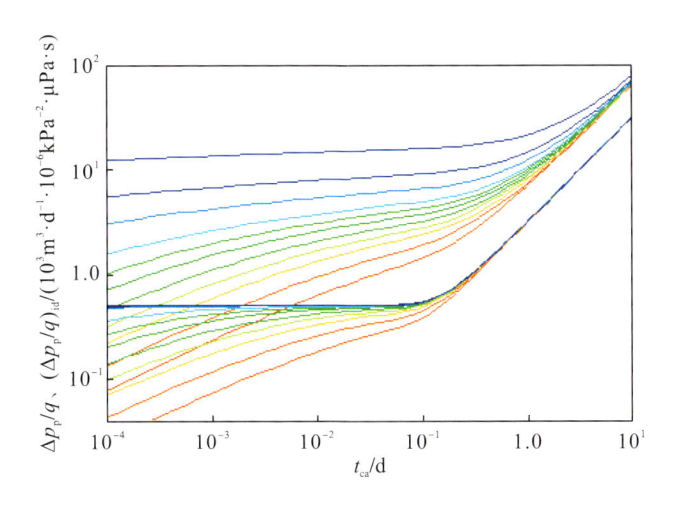

图 6-13 NPI 标准图版

6.2.5 FMB 标准图版

流动物质平衡(FMB)法类似于 Blasingame 分析法,引入了拟压力归一化产量和物质平衡拟时间函数,建立的现代产量递减分析方法可以考虑变井底流压生产情况。流动物质平衡法针对拟稳态渗流期的生产数据,通过拟合特征直线求解储量[101]。

气体流动的连续性方程如下:

$$\frac{1}{r}\frac{\partial}{\partial r}\left(\frac{p}{\mu Z}r\frac{\partial p}{\partial r}\right)=\frac{\phi\mu C_g}{K}\frac{p}{Z}\frac{\partial p}{\partial t} \tag{6-127}$$

根据拟压力定义 $p_p=2\int_{p_0}^{p}\frac{P}{\mu Z}\mathrm{d}P$,上述方程可以改写为拟压力的形式,从而简化方程表达式。拟压力形式下连续性方程为

$$\frac{1}{r}\frac{\partial}{\partial r}\left(r\frac{\partial p_p}{\partial r}\right) = \frac{\phi\mu C_g}{k}\frac{\partial p_p}{\partial t} \tag{6-128}$$

为了得到流动物质平衡方程，要先求解方程(6-128)的近似值。假设在圆形封闭边界气藏内，气井以定产量生产，用拟压力函数表示的拟稳态流动阶段的表达式为

$$p_{p,\text{wf}} = p_{p,\text{R}} - \frac{4.24\times10^{-3}q}{Kh}\frac{p_{\text{sc}}T}{T_{\text{sc}}}\left[\lg\left(\frac{A}{C_A r_w^2}\right) + 0.351 + 0.87 S_a\right] \tag{6-129}$$

根据帕拉西奥（Palacio）和 Blasingame 在 1993 年提出的流动物质平衡方程式，物质平衡拟时间 t_{ca} 的第二定义式为

$$t_{\text{ca}} = \frac{G}{2q}\frac{(\mu C_g Z)_i}{p_i}(p_{p,i} - p_{p,\text{R}}) \tag{6-130}$$

将式(6-130)代入式(6-129)，得

$$p_{p,i} - p_{p,\text{wf}} = \frac{2qp_i}{G(\mu C_g Z)_i}t_{\text{ca}} + \frac{4.24\times10^{-3}q}{kh}\frac{p_{\text{sc}}T}{T_{\text{sc}}}\left[\lg\left(\frac{A}{C_A r_w^2}\right) + 0.351 + 0.87 S_a\right] \tag{6-131}$$

其中，G 是气藏总地质储量。

引入 b'_{pss}，其定义为

$$b'_{\text{pss}} = \frac{4.24\times10^{-3}q}{kh}\frac{p_{\text{sc}}T}{T_{\text{sc}}}\left[\lg\left(\frac{A}{C_A r_w^2}\right) + 0.351 + 0.87 S_a\right] \tag{6-132}$$

式(6-132)可重新表示为

$$\frac{p_{p,i} - p_{p,\text{wf}}}{q} = \frac{2qp_i}{G(\mu C_g Z)_i}t_{\text{ca}} + b'_{\text{pss}} \tag{6-133}$$

式(6-133)是一种常见的气藏流动物质平衡方程，可用于储量计算。

马塔尔（Mattar）和安德森（Anderson）在 2003 年提出了另外一种流动物质平衡方程，在式(6-133)两端同时乘以 $\dfrac{q}{(p_{p,i} - p_{p,\text{wf}})b'_{\text{pss}}}$，重新整理后，可得到气藏的流动物质平衡式(6-133)的另外一种表达式：

$$\frac{q}{p_{p,i} - p_{p,\text{wf}}} = \frac{-2qt_{\text{ca}}p_i}{(p_{p,i} - p_{p,\text{wf}})G(\mu C_g Z)_i}\frac{1}{b'_{\text{pss}}} + \frac{1}{b'_{\text{pss}}} \tag{6-134}$$

下面把方程(6-134)表示成一条直线：

$$\frac{q}{p_{p,i} - p_{p,\text{wf}}} = mx + b \tag{6-135}$$

式中，

$$m = \frac{-1}{Gb'_{\text{pss}}} \tag{6-136}$$

$$x = \frac{2qt_{ca}p_i}{(p_{p,i} - p_{p,wf}) \cdot G(\mu C_g Z)_i} \tag{6-137}$$

$$b = \frac{1}{b'_{pss}} \tag{6-138}$$

拟合直线斜率和直线截距后，根据式(6-135)和式(6-137)联立求解，可求得 G。

求出直线截距 b 后，渗透率 k 可以通过式(6-139)得到。

$$k = \frac{4.24 \times 10^{-3} q}{h} \frac{p_{sc} T}{T_{sc}} \left[\lg\left(\frac{A}{C_A r_w^2}\right) + 0.351 + 0.87 S_a \right] b \tag{6-139}$$

为了得到特定的 k 值，需要知道有效厚度和表皮系数。

根据 Palacio 和 Blasingame 提出的物质平衡拟时间的第二定义式：

$$t_{ca} = \frac{(\mu C_g)_i}{q} \int_0^t \frac{q dt}{\mu C_g} = \frac{(\mu C_g Z)_i}{q} \frac{G}{2p_i}(p_{p,i} - p_{p,R}) \tag{6-140}$$

将 t_{ca} 的表达式代入方程(6-137)，得到：

$$x = G \frac{p_{p,i} - p_{p,R}}{p_{p,i} - p_{p,wf}} \tag{6-141}$$

流动物质平衡方程式(6-134)可以表示为另外一种形式：

$$\frac{q}{p_{p,i} - p_{p,wf}} = mx + b \tag{6-142}$$

流动物质平衡(FMB)法采用迭代算法计算，步骤如下。

(1) 根据井控区范围等地质参数、气井累计产量和生产特征，初步估算原始地质储量。
(2) 根据不同开采时间的产量，按照物质平衡方程，计算不同开采时间的地层压力。
(3) 计算气体的物性，利用物质平衡拟时间定义式计算与各开采时间对应的 t_{ca}。
(4) 根据流动物质平衡方程的计算式，计算原始地质储量。
(5) 重复步骤(1)~(4)，直至计算结果符合精度要求，实例计算结果如图6-14所示。

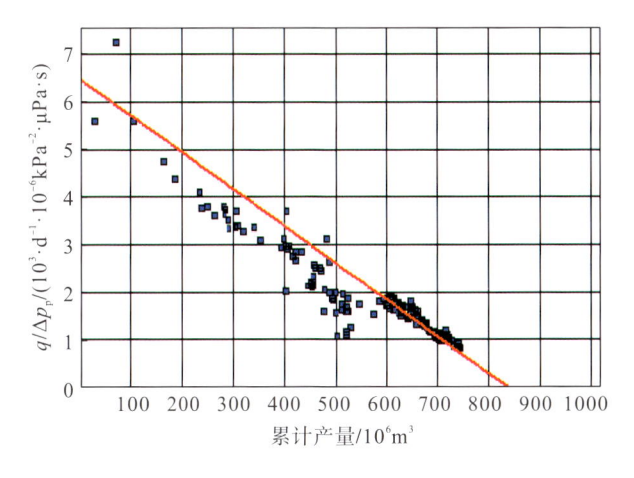

图 6-14　FMB 曲线图版气井动态储量

6.3 高含硫气藏产量递减分析应用实例

6.3.1 传统产量递减实例应用

川东北地区某口气井生产时间较长，地层能量衰竭等因素导致气井目前进入递减生产阶段。通过整理分析气井数据，选用 Arps 产量递减分析方法对该井动态数据进行拟合分析，计算得到了不同递减模式下气井初始产量、初始日递减率，5 种类型递减分析拟合结果见表 6-2。

表 6-2 气井产量递减拟合结果

递减类型	递减指数 n	初始产量 q_i /($10^4 \mathrm{m}^3$/d)	初始日递减率 D_i/d^{-1}	相关系数 R^2
指数递减	0	64.36	0.07	0.9554
调和递减	1	65.15	0.07	0.9554
衰竭递减	0.5	64.72	0.08	0.9568
直线递减	−1	63.79	0.06	0.9449
双曲递减	0.045	64.39	0.08	0.9557

气井生产数据及拟合分析图版如图 6-15 所示。各种拟合方法得到的拟合效果均较好，表明该井目前已经进入边界流动控制阶段。其中，采用衰竭递减的拟合相关系数最大，因此该井递减特征属于衰竭递减，其产量递减规律方程为 $y=-0.0004x+7.1158$。

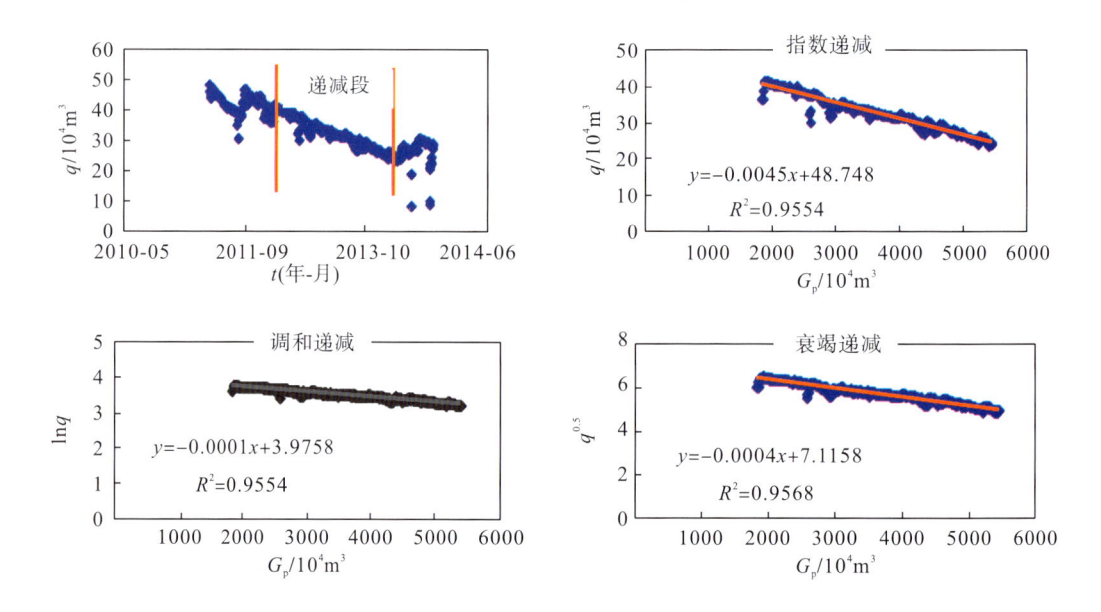

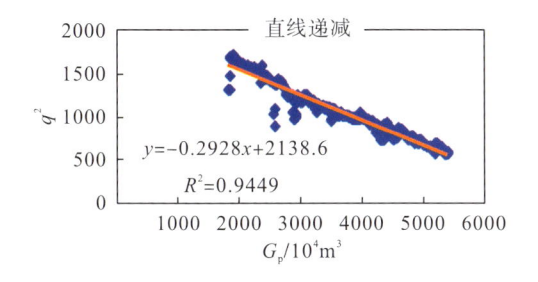

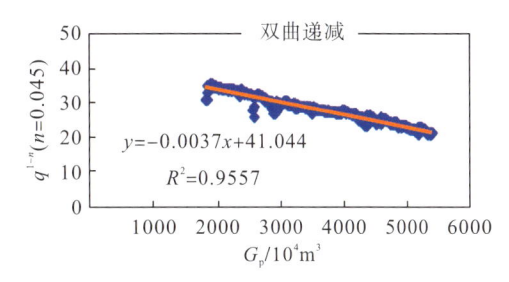

图6-15 川东北地区鲕滩气藏产量递减规律拟合结果

6.3.2 现代产量递减实例应用

传统产量递减分析方法操作简单，主要是获取气井递减特征和最终累计可采储量，而现代产量递减分析方法则是通过拟合早期不稳定流动阶段用以计算渗透率、表皮系数等地层参数。两种方法的计算结果可以相互参考，以确定气井的原始地质储量和可采储量。

现代产量递减分析是利用标准图版进行产量递减分析的一种方法，目前常用的标准图版有 Fetkovich 图版、Blasingame 图版、Agarwal-Gardner 图版、NPI 图版以及 FMB 图版，如图 6-16 所示。除 FMB 图版以外，其余 4 种图版还可以用于计算渗透率、表皮系数等地层参数。根据川东北地区采用传统产量递减分析方法分析的气井生产数据，开展现代产量递减分析，不同方法计算得到的结果见表 6-3。气井原始地质储量为 $16.379\times10^8\sim20.041\times10^8\mathrm{m}^3$，最终累计可采储量为 $14.890\times10^8\sim18.741\times10^8\mathrm{m}^3$。

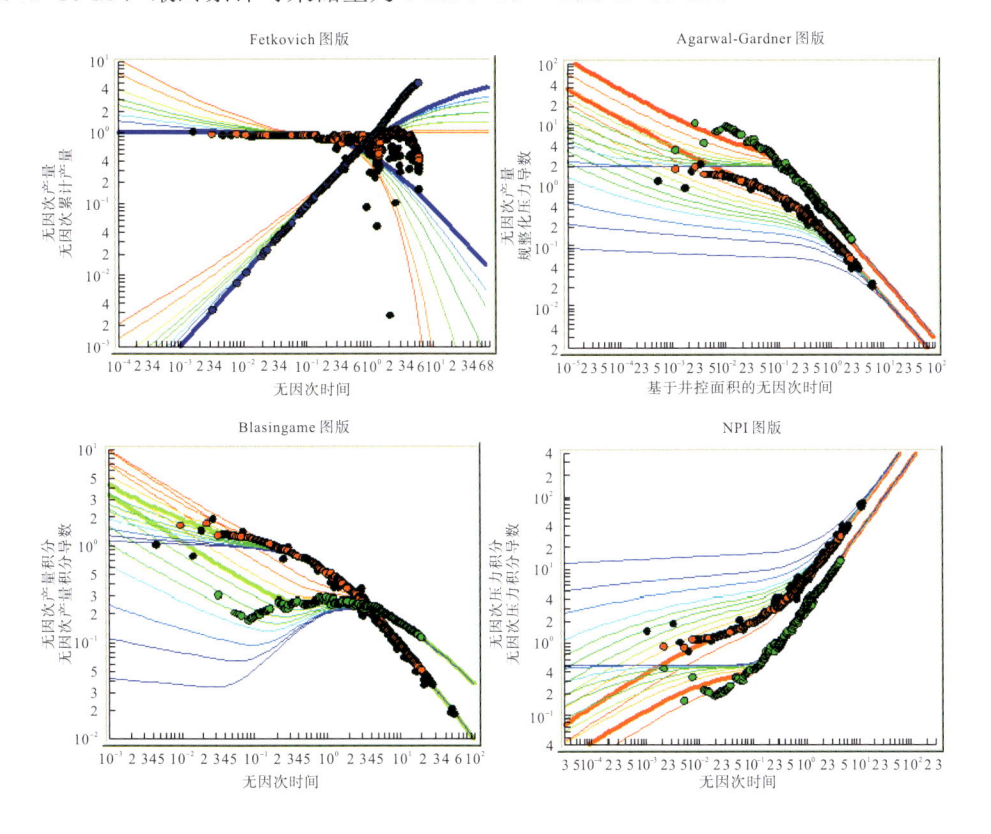

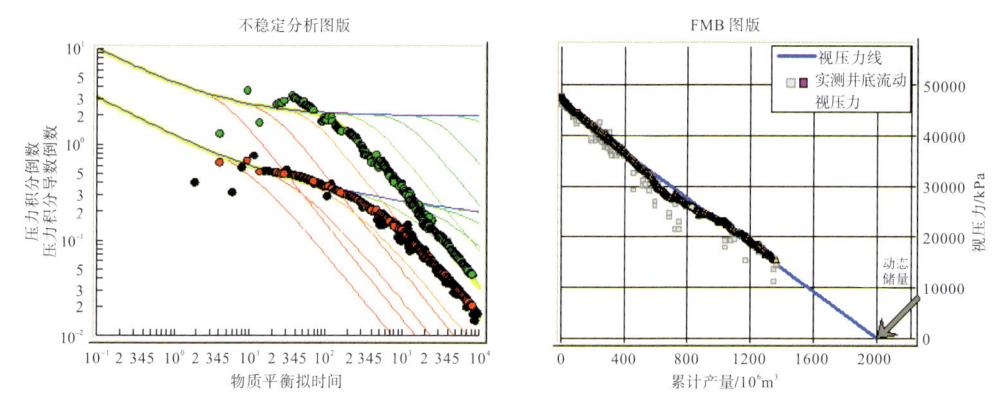

图 6-16 气井现代产量递减拟合图版实例

表 6-3 现代产量递减图版拟合结果

图版类型	原始地质储量/$10^8 m^3$	可采储量/$10^8 m^3$	渗透率/mD	表皮系数
Fetkovich 图版	—	14.890	—	—
Blasingame 图版	16.379	15.317	1.271	−6.381
Agarwal-Gardner 图版	18.546	17.344	0.465	−7.946
不稳定分析图版	15.924	14.891	1.321	−6.365
NPI 图版	16.657	15.577	0.774	−7.332
FMB 图版	20.041	18.741	—	—

第 7 章　川东北地区飞仙关组鲕滩气藏开发技术政策

7.1　高含硫气藏合理井网、井距分析方法

面对碳酸盐岩储层非均质性强的特点，科学的开发井网、井距是提高单井产能、提高出来控制程度、延长气藏开发年限气藏开发面临的首要环节和关键问题。科学的开发井网系统面临的挑战主要包括两个方面：①选择最优部位部署井点；②确定合理的开发井网系统，控制底水锥进、提高储量动用程度。

7.1.1　合理井网分析方法

井网设计一般以储层分布特征、单井控制储量和经济效益等为依据，以使开发井网尽可能提高气田采收率，同时又能实现经济效益的最大化。合理的开发井网是气田实现高效开发的重要因素之一。总结气田开发的大量实践经验，对于任一气田来说，采用一个什么样的开发井网以及多大的井网密度都没有一套固定的模式[102]。根据实际区块的具体情况，从总体上来看，在气田的井网部署上主要从以下几个方面来考虑。

(1) 开发井网要能够最有效地控制气藏的储量。
(2) 开发井数能保证达到一定的稳产期和一定的生产规模。
(2) 要能达到尽可能高的采收率。
(4) 利用现有的探井、评价井以及预备实施的开发井。
(5) 钻井投资及工作量小。
(6) 为整体开发以及开发后期的调整或打加密井留有一定的余地。

根据气田开发经验，对于储层性质较为均匀的气驱气藏一般采用均匀井网，而对于裂缝型气藏、裂缝-孔隙型气藏、断块气藏及多套层系气藏等来说，大多采用的是不均匀井网[103]。汇集气田现有评价井的系统试井、压力恢复试井以及试采研究结果，气田开发井布井位置的确定应该遵循一个大的原则"高密低疏"，达到用高渗透区的密集井网采出低渗透区天然气的目的，这样可实现整体气藏产能和采气速度的提高及钻井工作量和投资的减少，进而提高气田开发的经济效益。

目前，气田合理井网评价方法包括数值模拟法和动态分析法两类[104]。数值模拟法是基于地质模型和数值模拟器模拟气藏开发实际情况，掌握气藏目前生产状况，能够模拟任意气井或者气藏的生产特征(图7-1)。同时，数值模拟法能够模拟气井压力波及范围和压

力场(图 7-2),对井网进行优化。气藏动态分析法主要通过单井或者气藏动态分析结果、单井控制范围等参数评价目前井网开发状况。

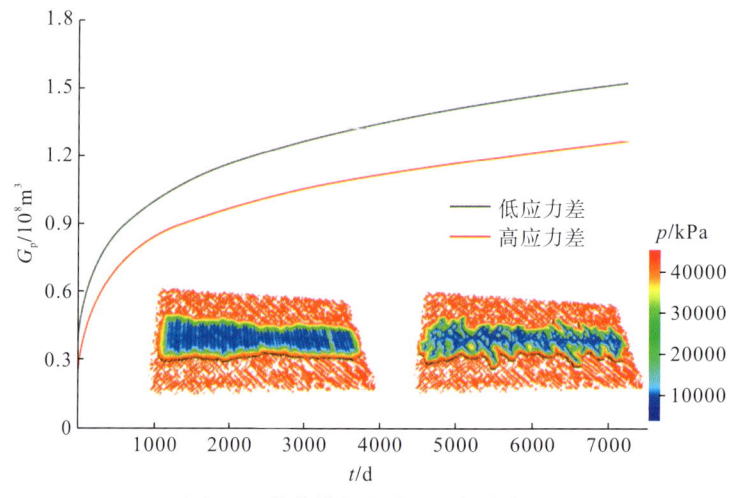

图 7-1　数值模拟方法预测气井产量

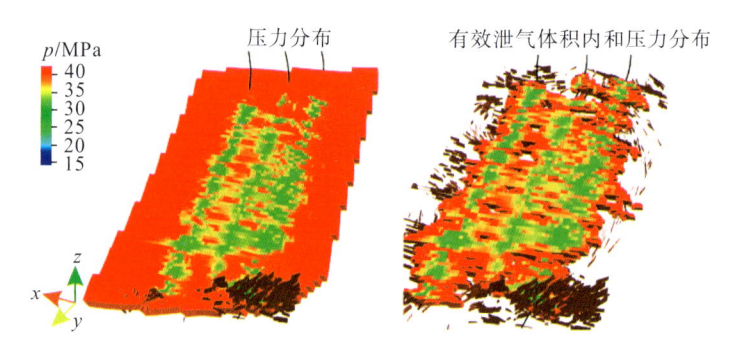

图 7-2　数值模拟方法刻画气藏生产过程中的压力场图[105]

7.1.2　井距合理性分析

井距不仅与采气速度有关,还直接关系到对储量的控制程度、气田稳产期的长短,尽管不同的井网对气田的最终采收率影响不大,但是在一定的评价期内,不同井网的开发指标也将影响方案的经济指标。

井距直接关系到开发井网对气藏可采储量的控制程度和气藏的采收率,因而会直接影响气藏的开发效果,同时它对气田的经济效益也至关重要。对于低渗透油气藏,无论是投入开发之前还是正式投入开发之后,都必须对井网密度进行论证,一般来说,井网密度越大,采收率越高。井网密度也从井数上直接关系到气田的采气速度,在一定的单井产能条件下,井网越密,采气速度越快;然而,井网密度同时又是决定气田建设投资的重要因素之一,井网密度增大,建设投资将大幅度增加,因此,对合理井网密度的优化必须综合考虑上述多种因素,最后从经济效益的角度综合评价才能确定,即确定气藏合理的井距和井网密度需要重点考虑以下两个因素:①气田地质与气层物性的特征;②经济合理性。

1. 规定单井产能法

设一个气藏地质储量为 G，含气面积为 A，采气速度为 v_g，平均单井产能为 q_g，则气藏开发所需气井数为[106]：

$$n = \frac{Gv_g}{330q_g\eta} \tag{7-1}$$

式中，η 为气井综合利用率，%。

因此，井网密度为

$$\text{SPC} = \frac{n}{A} \tag{7-2}$$

三角形布井方式下，井距为

$$L_w = 1.0748\sqrt{\frac{1}{\text{SPC}}} \tag{7-3}$$

四边形布井方式下，井距为

$$L_w = 2\sqrt{\frac{1}{\pi \cdot \text{SPC}}} \tag{7-4}$$

2. 合理采气速度法

合理采气速度法是根据气藏的地质特征和流体物性，计算出在一定的生产压差下，满足合理采气速度所要求的气井数，进而求出井网密度[107]。

气藏开发所需气井数为

$$n = \frac{Gv_g}{330\eta \dfrac{kh}{\mu}\Delta p} \times 10^4 \tag{7-5}$$

式中，Δp 为生产压差，MPa；kh/μ 为地层流体系数，$\mu m^2 \cdot m/(mPa \cdot s)$；其余符号同前文所述。

3. 储量丰度法

川东石炭系气藏开发的经验表明，储量丰度与单井的井距间存在一定的关系[108]。

在低渗区：

$$L_w = \frac{1.43}{\sqrt{G_d}} \times 10^3 \tag{7-6}$$

在高渗区：

$$L_w = \frac{1.13}{\sqrt{G_d}} \times 10^3 \tag{7-7}$$

4. 经济极限井距

经济极限井距是从气藏效益开发的角度提出的井距下限要求。对于一口井来说，其钻井费用、平均每口井的油建费用与平均年采气操作费之和，至少等于每年天然气的销售额，这就必

须有足够的储量,即单井控制经济极限储量,将它作为一个选择合理井距的重要经济指标[109]:

$$G_{sg} = \frac{C+tP}{A_G E_R} \tag{7-8}$$

式中,A_G 为天然气销售价,元/m³;C 为单井总投资,元/井;E_R 为天然气采收率;G_{sg} 为视单井控制储量,m³;P 为单井年平均采气操作费用,元/a;t 为稳定年限,a。

然后利用以下公式计算出经济极限井距:

$$d = \sqrt{G_{sg}\frac{A}{G}} \tag{7-9}$$

式中,A 为含气面积,m³;G 为探明天然气地质储量,m³;d 为经济极限井距,m。

5. 经济最佳-极限-合理井距

当投入资金与产出效益相同,即气田开发总利润为 0 时,对应的井网密度即为极限井网密度:

$$\text{SPC}_{\min} = \frac{aG(1-T_a)(A_G E_R - P)}{AC(1+R)^{T/2}} \tag{7-10}$$

式中,A 为含气面积,km²;G 为探明天然气地质储量,10^8m³;A_G 为天然气销售价,元/m³;C 为单井总投资,元/井;E_R 为天然气采收率,小数;T 为评价年限,a;P 为平均采气操作费用,元/m³;R 为贷款利率,小数;a 为商品率;T_a 为税收率。

考虑资金投入与效益产出因素,当经济效益最大时的井网密度为气田的最佳经济井网密度:

$$\text{SPC}_a = \frac{aG(1-T_a)(A_G E_R - P - \text{LR})}{AC(1+R)^{T/2}} \tag{7-11}$$

式中,LR 为合理利润。

气田的实际井网密度应在最佳井网密度和极限井网密度之间,并尽量靠近最佳井网密度。可采用"加三分差法"原则,即

$$\text{GPC} = \text{SPC}_a + \frac{\text{SPC}_{\min} - \text{SPC}_a}{3} \tag{7-12}$$

7.2 高含硫气藏稳产年限与采气速度分析方法

在气田开发过程中,气藏稳产期与采气速度两者是相对的,采气速度越快则气藏的稳产年限越短。目前,合理地确定两者之间的关系是提高气藏开发效果的重要手段,通常确定稳产年限的方法是数值模拟方法[110,111]。研究气藏采气速度与稳产期的定量关系不但可以节省大量时间,而且能丰富二者关系的理论认识,同时得出的定量解析式可用于数学模型的建立,作为气田群协调优化的约束条件,对气田群的高效开发起着一定的指导作用,因此有必要对气藏采气速度与稳产期的关系进行深入研究。

7.2.1 影响采气速度的因素

1. 气藏储渗条件

气藏储渗条件是影响采气速度的内在因素,储渗条件差的气藏,单井产量低,要提高气藏采气速度,势必要钻很多开发井,影响气藏开发的经济效益。例如,四川相国寺气田石炭系气藏的储渗条件较佳,气藏采气速度快,稳产期也长,因此气藏储渗条件制约着气藏的采气速度。

2. 市场需求

市场需求是影响气藏采气速度的外部因素。一些远离城市的边缘气田,虽然具有一定的储量潜力,但由于用气量小,迟迟得不到开发,或有了一定量的用户,但用气量达不到气田开发规模的设计要求。因此在制定气藏开发方案时,首先要对市场进行充分的调查研究,对用气单位的用气要求(产量和压力)、用气潜力和支付能力进行分类登记,对地区天然气市场的发展进行预测,使气藏采气速度及其变化能适应市场发展的需求,进而获得可靠的经济效益。

3. 后备资源增长状况

气区后备资源增长状况对气藏采气速度的确定有着较大的影响。如果后备资源增长速度缓慢,气藏采气速度不可能很快,否则就会出现气田产量滑坡,供气紧张的情况。为了维持稳定供气,气田的开发工作量势必会加大,这会使气田的开发效益降低,甚至出现供气产量越多,亏损越大的现象。因此在确定气藏采气速度时,要了解该区的勘探进展和成果,考虑地区后备资源增长的状况。

7.2.2 正常压力系统气藏采气速度与稳产期的定量关系

根据达西流条件下的气井产能公式,在不考虑表皮系数的情况下气井产量与地层压力、井底流压有如下关系:

$$q_{sc} = \frac{774.6 kh \left(p_e^2 - p_{wf}^2 \right)}{T \bar{\mu} \bar{Z} \ln \left(\dfrac{r_e}{r_w} \right)} \tag{7-13}$$

式中,q_{sc} 为标准状态下的天然气产量,m³/d;k 为渗透率,mD;h 为气层有效厚度,m;p_e 为地层压力,MPa;p_{wf} 为井底流压,MPa;T 为气层温度,K;$\bar{\mu}$ 为平均气体黏度,mPa·s;$\bar{Z}$ 为平均天然气偏差系数;r_e 为供气半径,m;r_w 为井筒半径,m。

将式(7-13)两端乘以 d/G,可得到采气速度 q_D 与 $\left(p_e^2 - p_{wf}^2 \right)$ 的关系:

$$q_{\mathrm{D}} = \frac{774.6 dKh\left(p_{\mathrm{e}}^2 - p_{\mathrm{wf}}^2\right)}{GT\bar{Z}\ln\left(\dfrac{r_{\mathrm{e}}}{r_{\mathrm{w}}}\right)} \tag{7-14}$$

式中，q_{D} 为采气速度，%；d 为气田每年生产天数，d；G 为天然气地质储量，m³。

在压力小于 13.79MPa 时，式(7-14)中的气体黏度与偏差系数乘积近似为常数。

定容气藏物质平衡方程为

$$R_{\mathrm{p}} = \frac{G_{\mathrm{p}}}{G} = \frac{\dfrac{p_{\mathrm{ci}}}{Z_{\mathrm{i}}} - \dfrac{\bar{p}_{\mathrm{c}}}{Z}}{\dfrac{p_{\mathrm{ei}}}{Z_{\mathrm{i}}}} \tag{7-15}$$

在稳产期末，式(7-15)可变形为

$$\bar{p}_{\mathrm{esp}} = p_{\mathrm{ei}}\left(1 - R_{\mathrm{psp}}\right)\frac{Z}{Z_{\mathrm{i}}} \tag{7-16}$$

式中，$\bar{p}_{\mathrm{esp}}$ 为稳产期末平均地层压力，MPa；R_{psp} 为气藏稳产期末采出程度，%。

联立式(7-14)、式(7-16)求解，可得到一定采气速度对应的稳产期。

7.2.3 高压系统气藏采气速度与稳产期的定量关系

假设条件：①高压系统的封闭气藏；②气藏渗透率不随压力变化。

对于高压气藏来说，其水体往往不够活跃，可忽略水体的作用，将异常高压气藏物质平衡方程表示为

$$\frac{p_{\mathrm{e}}}{Z}\left(1 - C_{\mathrm{c}}\Delta p\right) = \frac{p_{\mathrm{ei}}}{Z_{\mathrm{i}}}\left(1 - \frac{G_{\mathrm{p}}}{G}\right) \tag{7-17}$$

$$C_{\mathrm{c}} = \frac{C_{\mathrm{p}} + S_{\mathrm{w}}C_{\mathrm{w}}}{1 - S_{\mathrm{w}}} \tag{7-18}$$

式中，G_{p} 为累计产量，m³；G 为天然气地质储量，m³；p_{ei} 为原始地层压力，MPa；Z_{i} 为原始压力条件下的天然气偏差系数；Z 为天然气偏差系数；p_{e} 为地层压力，MPa；S_{w} 为含水饱和度，%；C_{c} 为气藏容积压缩系数，MPa^{-1}；C_{p} 为岩石压缩系数，MPa^{-1}；C_{w} 为地层水压缩系数，MPa^{-1}。

一般情况下，根据高压气藏从初始状态到稳产期末的压力变化范围，物质平衡方程中 $C_{\mathrm{c}}\Delta p$ 项的变化范围较小，可以将其忽略。

在稳产期末，物质平衡方程简化为

$$p_{\mathrm{esp}} = p_{\mathrm{ei}}\left(1 - R_{\mathrm{psp}}\right)\frac{Z}{Z_{\mathrm{i}}} \tag{7-19}$$

式中，p_{esp} 为稳产期末地层压力，MPa；R_{psp} 为气藏稳产期末采出程度，%。

不考虑表皮系数，根据稳态、达西渗流条件下的产能公式，当气体压力较高(压力大于 13.79MPa)时，$p/\mu Z$ 近似为一常数，即 $p/\mu Z = p_{\mathrm{i}}/\mu_{\mathrm{i}}Z_{\mathrm{i}}$，得到气井产量与地层压力、井

底流压的关系如下：

$$q_{sc} = \frac{2\pi KhT_{sc}Z_{sc}p_{ei}(p_e - p_{wf})}{p_{sc}T\mu_i Z_i \ln\left(\dfrac{r_e}{r_w}\right)} \tag{7-20}$$

将式(7-20)应用到气田，两端乘以 d/G，可以得到采气速度 q_D 与 p_e、p_{wf} 的关系如下：

$$q_D = \frac{2d\pi khT_{sc}Z_{sc}p_{ei}(p_e - p_{wf})}{Gp_{sc}T\mu_i Z_i \ln\left(\dfrac{r_e}{r_w}\right)} \tag{7-21}$$

将式(7-19)和式(7-21)联立求解，可求解采气速度与对应的稳产期。

7.3 高含硫气藏动态控制储量分析方法

气藏动态储量评价在整个气田开发生产过程中是非常重要的一步，它为编制、调整开发方案提供了物质基础，为调整开发策略和完善井网井距提供了数据前提。目前气藏/井常用的动态控制储量分析方法包括物质平衡法、流动物质平衡法、弹性二相法和现代产量递减法等几类，现代产量递减法已经在第6章中详细地介绍过，因此本节不再赘述相关内容及应用。

7.3.1 物质平衡法

物质平衡法即压降法，以质量守恒原理为基础，可以用于定容弹性气藏、水驱气藏、凝析气藏、异常高压气藏和非均质具有补给区的气藏等几乎所有类型气藏的动态分析与储量计算。在原始地层压力和生产数据切实可靠的情况下，压降法被认为是气藏储量评价最准确的方法。

对于一个正常压力系统的气藏，其物质平衡方程为

$$G = \frac{G_p B_g - (W_e - W_p B_w)}{B_g - B_{gi}} \tag{7-22}$$

或表示为以视地层压力形式表示的压降方程：

$$\frac{p}{Z} = \frac{p_i}{Z_i}\left[\frac{G - G_p}{G - (W_e - W_p B_w)\dfrac{p_i T_{sc}}{p_{sc} Z_i T}}\right] \tag{7-23}$$

由于致密砂岩气藏大多没有与气藏连通的边水、底水，或边水、底水很不活跃，故其气藏物质平衡方程可简化为

$$GB_{gi} = (G - G_p)B_g \tag{7-24}$$

其中，$B_g = \dfrac{p_{sc}ZT}{pT_{sc}}$，$B_{gi} = \dfrac{p_{sc}Z_i T}{p_i T_{sc}}$，代入式(7-24)中可得定容气藏压降方程：

$$\frac{p}{Z} = \frac{p_i}{Z_i}\left(1 - \frac{G_p}{G}\right) \tag{7-25}$$

式中，p 为气藏压力，MPa；p_i 为原始条件下的气藏压力，MPa；Z 为天然气偏差因子；Z_i 为原始条件下的气体偏差因子；G_p 为累计产气量，$10^4 m^3$；G 为单井控制储量，$10^4 m^3$。

根据气藏生产的不同阶段 p_e/Z_e 以及对应的累计产气量 G_p，可以回归分析得到线性方程；当直线截距为 a，斜率为 b，$p_e=0$ 时，G_p 即为气藏的动态储量。

用压降法计算单井动态储量的步骤如下。

(1) 选取生产制度稳定的单井进行关井测压以获取准确的静压数据。

(2) 根据单井从投产到目前的动态生产数据计算累计产气量 G_p，用关井测压获取的静压数据比上天然气偏差因子求出视地层压力 p/Z。

(3) 绘制出单井 p/Z 与 G_p 的关系曲线，进行拟合求出关系式，当关系式中 $p/Z=0$ 时，与横轴的交点即为所求的气藏动态储量。

压降法计算动态储量的最大优点是计算相对简单实用，计算结果准确可靠。但如果数据出现问题，则计算出的动态储量结果存在误差。因此，在获取数据时应注意以下几点。

(1) 为保证所测压力的准确性，应采用高精度电子压力表进行测压，在本书中所选气井都进行过严格的关井测压，所获取的地层压力数据资料准确可靠，符合计算要求。

(2) 当井区井数多，井下条件复杂，进行全井区关井成本大，不可能进行全井区关井时，需要采取单井关井方式来计算单井动态储量，但在计算单井动态储量时，压降法要求采出程度在 10%～15%以上，计算结果才有一定的可靠性。

2002 年 7 月～2004 年 9 月黄龙 1 井共进行过 3 次关井测压(表 7-1)，取得了 4 个不同时期的地层压力，作 p/Z-G_p 关系曲线(图 7-3)，计算得到黄龙 1 井压降法动态储量为 $28.586×10^8 m^3$。

表 7-1 黄龙 1 井压降储量计算参数

测压时间(年-月-日)	地层压力 p/MPa	Z	p/Z/MPa	$G_p/10^8 m^3$
2002-07-13	42.599	1.099	38.762	0.000
2003-10-31	41.757	1.088	38.380	0.286
2004-07-29	40.669	1.079	37.691	0.819
2004-09-19	40.345	1.076	37.495	0.893

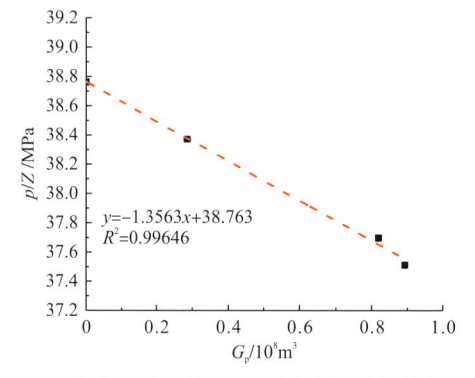

图 7-3 黄龙 1 井累计产量与视地层压力拟合曲线

7.3.2 流动物质平衡法

流动物质平衡法是确定天然气地质储量的动态分析方法，类似于传统的物质平衡 p/Z 分析，不同的是流动物质平衡不需要关井压力数据，只需要产量和流压即可进行分析。目前流动物质平衡法主要应用于常规天然气藏。从渗流力学的角度来分析，对于一个有限外边界封闭的油气藏，当地层压力波达到地层外边界一定时间后，地层中的渗流将进入拟稳定流状态，这时，地层中各点压降速度相等并等于一常数。若在同一个坐标中作静止视地层压力 p/Z 与 G_p 的关系曲线和流动压力 p_{wf} 与 G_p 的关系曲线，它们也应该相互平行(当然，当 $G_p=0$ 时，p_{wf} 即为静止视地层压力，所以理论上可以利用流动物质平衡方程求解气藏地质储量)。

类似地，还可以利用井口压力来求解地质储量，即井口的视地层压力 p_c/Z_c 与 G_p 的关系曲线应和 p/Z 与 G_p 的关系曲线平行，以此可以求解动态储量。

根据气井各开采阶段井口视地层压力与单井累计采气量，建立单井流动物质平衡(压降)曲线，过原始视地层压力点作压降线的平行线，再根据该直线方程求解地质储量，即

$$\frac{p_c}{Z_c} = a' - \frac{p_i}{Z_i G} G_p = a' - bG_p \tag{7-26}$$

$$\frac{p}{Z} = \frac{p_i}{Z_i} - \frac{p_i}{Z_i G} G_p = a - bG_p \tag{7-27}$$

式中，p_c、Z_c 分别为井口压力与对应的天然气偏差因子；a' 为 p_c/Z_c-G_p 关系曲线中直线段截距。

根据井口压力，可以计算井底流压，计算公式为

$$p_{wf} = \sqrt{p_{wh}^2 e^{2s} + \frac{1.324 \times 10^{-18} f(Q_{sc}\overline{TZ})^2(e^{2s}-1)}{D^5}} \tag{7-28}$$

式中，$s = \frac{0.03418\gamma_g H}{\overline{TZ}}$，$\gamma_g$ 为天然气相对密度；p_{wf}、p_{wh} 分别为气井井底、井口流压，MPa；f 为摩阻系数，$\frac{1}{\sqrt{f}} = 1.14 - 2\lg\left[\frac{e}{D} + \frac{21.25}{Re^{0.9}}\right]$，$Re$ 为雷诺数；$\overline{T}$ 为井筒平均温度；$\overline{Z}$ 为井筒或(井段)气体的平均偏差系数；Q_{sc} 为标准状态下天然气体积流量，m³/d；D 为油管内径，m。

根据气井井底流压与累计采气量可得

$$\frac{p_{wf}}{Z_w} = a'' - \frac{p_i}{Z_i G} G_p = a'' - bG_p \tag{7-29}$$

式中，p_{wf}、Z_w 分别为井底流压与对应的天然气偏差因子；a'' 为 p_{wf}/Z_w-G_p 关系曲线中直线段的截距。

根据 p_c/Z_c-G_p 关系曲线(图 7-4)得，a'=35.7298915，b=0.0000944，计算得动态储量 G=37.85×10⁸m³。

根据 p_{wf}/Z_w - G_p 关系曲线(图 7-5)得，a''=38.2500737，b=0.000107，计算得动态储量 G=35.75×10^{8}m^3。

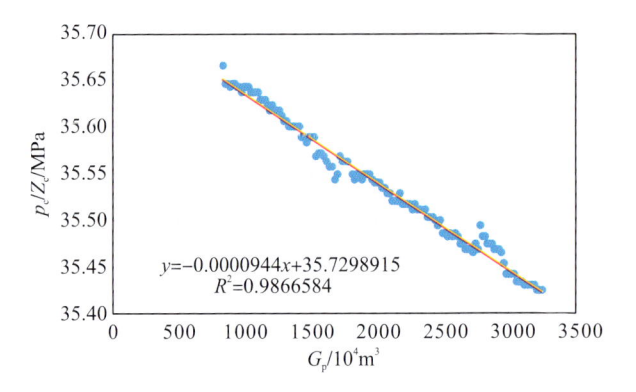

图 7-4 p_c/Z_c-G_p 关系曲线(黄龙 009-H1 井)

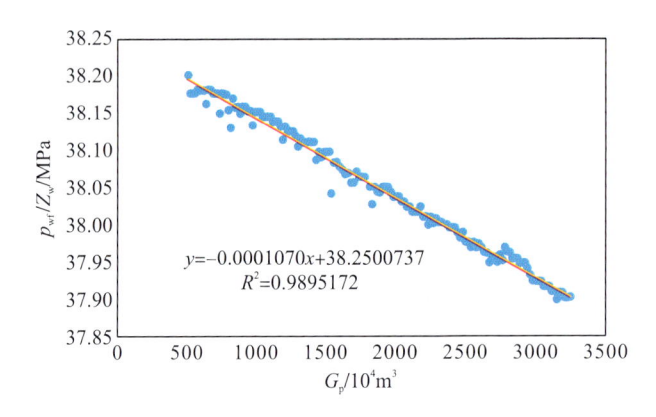

图 7-5 p_{wf}/Z_w-G_p 关系曲线(黄龙 009-H1 井)

7.3.3 弹性二相法

有界封闭地层开井生产的井底压降曲线一般分为 3 个阶段，第一段为不稳定渗流早期，指压降漏斗未传到边界之前；第二段为不稳定渗流晚期，即压降漏斗已传到边界之后；第三段为拟稳定期，此阶段地层压降相对稳定，地层中各点的压力下降速度相同，又称为弹性二相过程。根据压降，试井的压力变化为

$$p_{wf}^2 = p_e^2 - \frac{2qp_e t}{GC_t} - \frac{8.48 \times 10^{-3} q\mu p_{sc} ZT}{T_{sc}}\left[\lg\left(\frac{R_e}{r_w}\right) - 0.326 + 0.435S\right] \quad (7\text{-}30)$$

式中，p_{wf}、p_e 分别为井底流压和目前地层压力，MPa；G 为气井控制的原始地质储量，m^3；q 为气井的稳定气产量，m^3/d；t 为开井时间，d；μ 为天然气黏度，mPa·s；T、T_{sc} 分别为气层温度和地面标准温度，K；p_{sc} 为地面标准压力，MPa；C_t 为气层总压缩系数，MPa^{-1}；R_e、r_w 分别为气井控制的外缘半径和井底半径，m；S 为表皮系数；Z 为天然气偏差系数。

若令

$$\alpha = p_e^2 - \frac{8.48\times 10^{-3} q\mu p_{sc} ZT}{T_{sc}}\left[\lg\left(\frac{R_e}{r_w}\right) - 0.326 + 0.435S\right], \quad \beta = \frac{2qp_e t}{GC_t}$$

则有

$$p_{wf}^2 = \alpha - \beta t$$

从上式可以看出，当达到拟稳定流时，p_{wf}^2 和开井时间 t 的关系是直线关系。因此，可以根据直线的斜率来计算储量：

$$G = \frac{2qp_e}{\beta C_t} \tag{7-31}$$

压缩系数理论计算公式：

$$C_g = \frac{1}{p} - \frac{1}{Z}\frac{\partial Z}{\partial p} = \frac{1}{P_{pc}}\left(\frac{1}{P_{pr}} - \frac{1}{Z}\frac{\partial Z}{\partial p_{pr}}\right) \tag{7-32}$$

压缩系数计算结果为 0.01538MPa^{-1}，该计算结果与实验测试结果 0.015484MPa^{-1}（图 7-6）非常接近。

回归黄龙场 009-H1 井 p_{wf}^2-t 曲线（图 7-7），得 β=0.2919，再将其他参数（q=18×10^{4}m^3/d，p_e=44.899MPa）代入公式（7-31），计算得 G=36.01×10^{8}m^3。

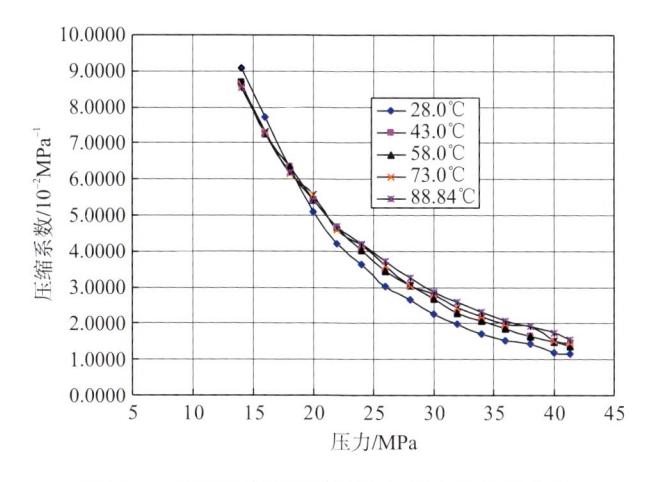

图 7-6 不同温度下压缩系数与压力的关系曲线

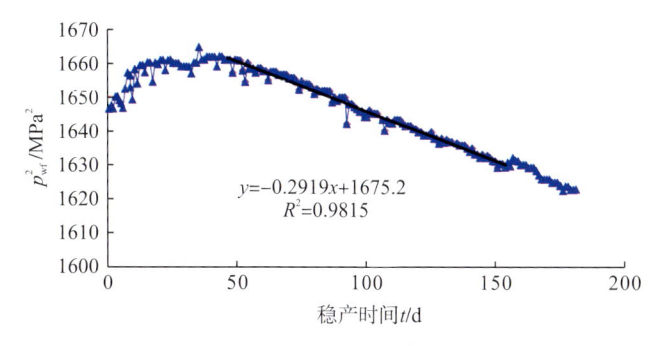

图 7-7 黄龙场 009-H1 井 p_{wf}^2-t 关系曲线

不同方法计算得到的动态储量见表 7-2。

表 7-2 不同方法计算得到的黄龙 009-H1 井动态储量

参数	弹性二相法	流动物质平衡法	
		井口压力	井底流压
动态储量/10^8m³	36.01	37.85	35.75
平均值/10^8m³	36.54		

在流动物质平衡法中，根据井口压力，计算得到黄龙 009-H1 井动态储量为 $37.85×10^8$m³，根据井底流压，计算得到黄龙 009-H1 井动态储量为 $35.75×10^8$m³；根据弹性二相法，计算得到黄龙 009-H1 井动态储量为 $36.01×10^8$m³，3 种计算结果较为接近，平均值为 $36.54×10^8$m³。

7.4 高含硫气藏采收率预测方法

目前，气田采收率的确定方法主要包括物质平衡法、徐人芬方法、数值模拟法和经验取值法等。

1. 物质平衡法

对于定容封闭型气藏，容积法计算的可采地质储量为

$$G_R = 0.01Ah\phi S_{gi} \frac{T_{sc}P_i}{Z_iTP_{sc}} \left(1 - \frac{\dfrac{P_a}{Z_a}}{\dfrac{P_i}{Z_i}} \right) \tag{7-33}$$

则气藏采收率为

$$E_{RG} = 1 - \frac{\dfrac{P_a}{Z_a}}{\dfrac{P_i}{Z_i}} \tag{7-34}$$

式中，S_{gi} 为原始地层条件下的含气饱和度。

2. 徐人芬方法

根据徐人芬方法，通过分析川东不同类型气藏的开采情况，并对比铁山坡飞仙关组气藏的良好开发状况及渡口河飞仙关组气藏已探明储量的采收率标定结果，确定 I 类储层的采收率为 90%，II 类储层为 75%，III 类储层为 50%。

3. 数值模拟法

该方法是在气藏地质模型(图 7-8)的基础上,通过数值模拟(图 7-9)方法,预测气藏最终采收率。

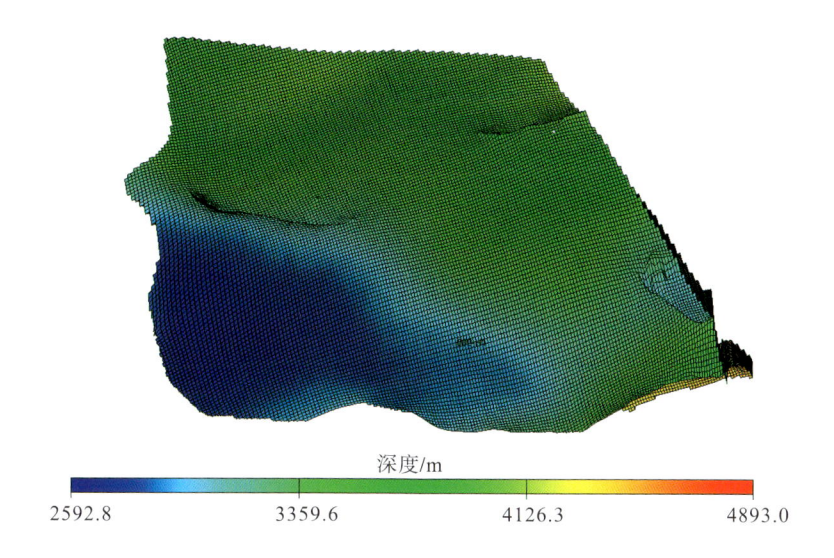

图 7-8 黄龙场飞仙关组顶部构造模型

图 7-9 黄龙场飞仙关组气藏历史数据拟合

各开发方案指标预测如图 7-10 和图 7-11 所示。方案对比结果表明，方案 1 比方案 2 的稳产时间长，采出程度差别不大；方案 3 比方案 4 的稳产时间长，采出程度差别不大。3 口井方案比 2 口井方案的采收率增加 9%~11%。推荐较优的方案 3：3 口井产量规模为 $108\times10^4\text{m}^3/\text{d}$，采气速度为 4.5%，稳产 12.5 年，预测期末采出程度为 71.78%。

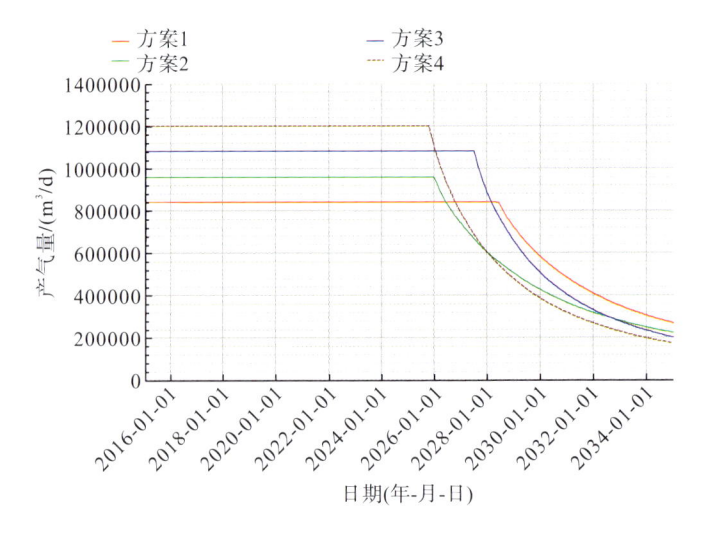

图 7-10 不同方案日产气量对比

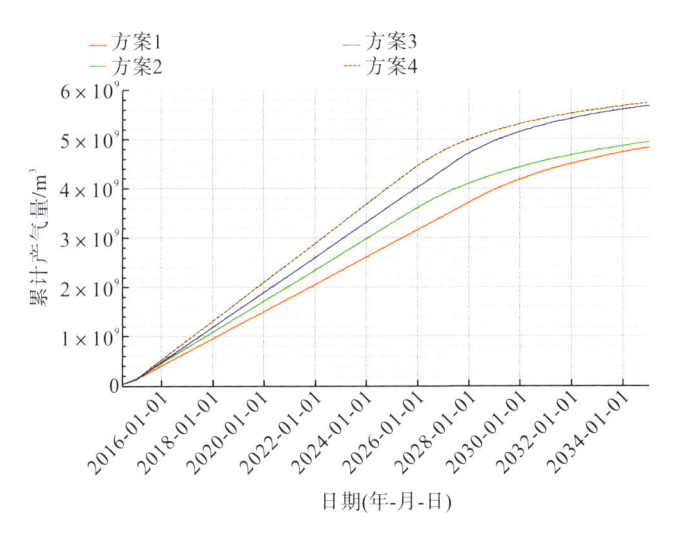

图 7-11 不同方案累计产气量对比

4. 经验取值法

对于实际气藏，当动态资料较缺乏时，可根据《天然气藏分类》(GB/T 26979—2011) 确定气藏类型和驱动因素(表 7-3)，对比参照我国天然气储量计算规范《天然气可采储量计算方法》(SY/T6098—2022)(表 7-4)，确定实际气藏的采收率范围。

表 7-3 气藏驱动因素分类

类	亚类		水驱指数 (WEDI)
	按水体类型分	按能量分	
气驱气藏	—	—	0
弹性水驱气藏	边水、底水	弱水驱	<0.1
		中水驱	0.1~<0.3
		强水驱	≥0.3
刚性水驱气藏	边底水	—	≈1

表 7-4 气藏采收率大致范围

气藏类型	地层水活跃程度	水侵替换系数	采收率范围
水驱	活跃	≥0.4	0.4~0.6
	次活跃	0.15~<0.4	0.6~0.8
	不活跃	0~<0.15	0.7~0.9
气驱	—	0	0.7~0.9
低渗透	低渗	0~0.1	0.3~0.5
	特低渗	0~0.1	≤0.3

7.5 高含硫气藏储层改造建议

高含硫气藏开发过程中常用的储层改造方式为酸化或酸化压裂(简称酸压)两类[112]。酸化是通过向地层挤入酸液达到解堵和提高近井地带渗透率的目的,硫沉积造成的地层堵塞多采用酸化进行解堵。酸压是将酸化和压裂技术相结合的储层改造技术,采用酸液作为压裂液注入地层当中,酸液溶解储层岩石部分矿物从而形成不规则裂缝表面,无支撑剂的情况下形成高导裂缝,同时酸液溶解堵塞物达到降低储层污染的目的。酸压主要包括普通酸压、深度酸压和特殊酸压3种工艺。目前,国内对于高含硫气藏气井投产初期多采用酸压进行改造,生产过程中多采用酸化改善硫沉积造成的堵塞。

大型酸压技术目前已经成为四川盆地普光、元坝等高含硫气田增储上产的关键技术。碳酸盐岩储层压裂酸化成功与否,主要取决于两个因素:一是压后酸蚀裂缝的有效长度;二是压后酸蚀裂缝的导流能力。目前通过相关实践酸压技术取得了长足的进步,但也面临着大量的技术难题。本书通过目前现有的储层改造实践提出几点高含硫气藏储层改造建议[113]。

(1)降低井口施工压力:酸压改造施工时存在储层破裂压力高、裂缝延伸压力高,在施工设备和井口限压条件下,注酸困难,施工井口压力高等情况,可采用加重酸压、震荡注酸等工艺降低地面施工压力,达到降本增效、降低施工风险的目的。

(2)储层改造与保护同步进行:酸压施工后,酸滞留在地层中引起的毛细管堵塞会对地层造成严重伤害，为达到储层保护的目的需要开展两个方面的工作：①在酸液中加入适当的助排剂、起泡剂等表面活性剂降低表面张力，减少地层毛细管力对残酸的滞流作用，以提高残酸的返排效率；②提高工作液与油气藏岩石和流体的匹配性，避免造成不可恢复的伤害和堵塞。

(3)地质-压裂施工过程一体化研究：高含硫碳酸盐岩气藏储层具有非均质性强、渗透率差异大的特点，在储层精细化认识的基础上，结合考虑周全的室内实验和开发模拟分析，采用"一段一策"的精细优化对策研究，提高单井的改造效果。

(4)优化酸液体系：针对需要改造的储层地质特征和酸压改造需求，通过开展酸蚀程度和导流能力评价优化实验，优化酸液体系，达到增加岩石表面溶蚀强度、提高溶蚀裂缝导流能力和降低储层伤害的目的。

(5)优化缓释酸体系：对于高温深层碳酸盐岩储层，酸岩反应速度快，需要酸液体系具有优良的缓速性能，降低酸岩反应速度，增加酸液作用的范围和溶蚀裂缝的长度。

(6)开展清洁酸液体系开发：酸压液体腐蚀速率大，且具有一定的毒性，同时酸压用液量较大，环保压力较大，因此需要开展有机酸与常规酸液相结合的研究，形成清洁酸液体系。

(7)优化酸压工艺：需要以"先造压裂缝，后酸蚀"的改造思路，优化深度酸压工艺，通过酸液和压裂液共同作用，增加酸液的深穿透距离，形成水力裂缝、酸蚀裂缝与基质溶孔连通的裂缝网络，提高增产效果。

参 考 文 献

[1] Pierce H R, Rawlins E L. The study of a fundamental basis for controlling and gauging natural-gas wells[M]. Washington, D.C.: United States Department of the Interior, Bureau of Mines, 1929.

[2] Cullender M H. The isochronal performance method of determining the flow characteristics of gas wells[J]. Transactions of the AIME, 1955, 204(1): 137-142.

[3] Katz D L, Cornell D, Kobayashi R, et al. Handbook of natural gas engineering[M]. NewYork: McGraw-Hill, 1959.

[4] 段永刚, 陈伟, 李允, 等. 罗家寨气藏非稳态产能预测新方法研究[J]. 西南石油大学学报, 2007, 29(1): 64-66, 144-145.

[5] 李琰, 李晓平. 含硫气井产能分析方法研究[J]. 西南石油大学学报, 2007, (S2): 43-45, 171.

[6] 张烈辉, 李成勇, 刘启国, 等. 高含硫气藏气井产能试井解释理论[J]. 天然气工业, 2008, 28(4): 86-88, 145-146.

[7] 潘谷. 普光气田主体气井不停产试井研究及应用[D]. 荆州: 长江大学, 2012.

[8] 袁帅. 普光高含硫气藏产能分析方法研究及其应用[D]. 成都: 西南石油大学, 2012.

[9] 李鹭光. 高含硫气藏开发技术进展与发展方向[J]. 天然气工业, 2013, 33(1): 18-24.

[10] 郭肖. 高含硫气藏水平井产能评价[M]. 武汉: 中国地质大学出版社, 2014.

[11] 詹国卫, 王本成, 赵勇, 等. 超深、高含硫底水气藏动态分析技术: 以四川盆地元坝气田长兴组生物礁气藏为例[J]. 天然气工业, 2019, 39(S1): 168-173.

[12] 崔明月, 梁冲, 邹春梅, 等. 高含硫气藏非稳态水平井产量预测模型研究[J]. 地质与勘探, 2021, 57(5): 1173-1181.

[13] Kuo C H, Closmann P J. Theoretical study of fluid flow accompanied by solid precipitation in porous media[J]. AIChE Journal, 1966, 12(5): 995-998.

[14] Roberts B E. The effect of sulfur deposition on gaswell inflow performance[J]. SPE Reservoir Engineering, 1997, 12(2): 118-123.

[15] Brunner E, Woll W. Solubility of sulfur in hydrogen sulfide and sour gases[J]. Society of Petroleum Engineers Journal, 1980, 20(5): 377-384

[16] 陈庚良. 含硫气井的硫沉积及其解决途径[J]. 石油钻采工艺, 1990, (5): 73-79.

[17] 王琛. 硫的沉积对气井产能的影响[J]. 石油勘探与开发, 1999, 26(5): 3, 56-58.

[18] 秦玉, 杨征文, 冯莉. 高含硫凝析气藏不稳定试井方法研究[R]. 江油: 四川石油管理局有限公司川西北矿区, 2003.

[19] 晏中平, 刘彬, 周毅, 等. 高含硫气藏双孔介质硫沉积试井解释模型[J]. 新疆石油地质, 2009, 30(3): 355-357.

[20] 黄江尚, 贾永禄. 异常高压含硫气井产能方法研究[J]. 内蒙古石油化工, 2010, 36(6): 109-110.

[21] 杨苗苗, 刘启国, 牟爱婷, 等. 考虑硫沉积影响的双重介质气藏试井解释模型研究[J]. 油气藏评价与开发, 2016, 6(4): 39-43.

[22] 史文洋, 高敏. 存在液流析出的超深高含硫气藏压力响应特征[J]. 非常规油气, 2022, 9(6): 75-80.

[23] Arps J J. Analysis of decline curves[J]. Transactions of the AIME, 1945, 160(1): 228-247.

[24] Fetkovich M J. Decline curve analysis using type curves[J]. Journal of Petroleum Technology, 1980, 32(6): 1065-1077.

[25] Blasingame T A, McCray T L, Lee W J. Decline curve analysis for variable pressure drop/variable flowrate systems[C]//SPE

Gas Technology Symposium, Houston, Texas, USA, 1991.

[26] Agarwal R G, Gardner D C, Kleinsteiber S W, et al. Analyzing well production data using combined type curve and decline curve analysis concepts[C]//SPE Annual Technical Conference and Exhibition, New Orleans, Louisiana, USA, 1998.

[27] Sureshjani M H, Gerami S. An analytical model for production data analysis of under saturated oil reservoirs subjected to edge aquifer[J]. Journal of Petroleum Science and Engineering, 2011, 78(1): 23-31.

[28] 刘冉,霍飞,王鑫,等. 普光气田下三叠统飞仙关组碳酸盐岩储层特征及主控因素分析[J].中国石油勘探,2017,22(6): 34-46.

[29] 刘成川,柯光明,李毓. 元坝气田超深高含硫生物礁气藏高效开发技术与实践[J]. 天然气工业,2019,39(S1): 149-155.

[30] 王卫红,刘传喜,穆林,等. 高含硫碳酸盐岩气藏开发技术政策优化[J]. 石油与天然气地质,2011,32(2): 302-310.

[31] 任洪明,赵松,雷小华,等. 飞仙关组高含硫气藏的高效开发实践和认识[J]. 重庆科技学院学报(自然科学版),2018,20(5): 34-37.

[32] 牟春国,邝聃,何平,等. 奥陶系深层碳酸盐岩酸压机理与深度酸压工艺优化[J]. 油气地质与采收率,2021,28(4): 113-119.

[33] 王栋,徐心茹,杨敬一,等. 高含硫碳酸盐岩气藏酸压液体体系研究[J]. 科学技术与工程,2015,15(4): 208-211.

[34] 李凌川. 鄂尔多斯盆地大牛地气田碳酸盐岩储层差异化分段酸压技术及其应用[J]. 大庆石油地质与开发,2022,41(5): 168-174.

[35] 张波,薛承瑾,周林波,等. 多级酸压在超深裂缝型碳酸盐岩水平井的应用[J]. 新疆石油地质,2013,34(2): 232-234.

[36] 曾大乾,王寿平,孔凡群,等. 大湾复杂高含硫气田水平井开发关键技术[J]. 断块油气田,2017,24(6): 793-799.

[37] 蒋德生,李晓平,姜凯文,等. 高磨地区非均质储层转向酸导流能力研究[J]. 石油与天然气化工,2021,50(4): 92-95,113.

[38] Brunner E, Place M C Jr, Woll W H. Sulfur solubility in sour gas[J]. Journal of Petroleum Technology, 1988, 40(12): 1587-1592.

[39] 胡景宏,梁涛,李永平. 高含硫气藏工程理论与方法[M]. 北京:地质出版社,2012.

[40] 张砚. 高含硫气藏水平井硫沉积模型及产能预测研究[D]. 成都:西南石油大学,2016.

[41] 杨学锋. 高含硫气藏特殊流体相态及硫沉积对气藏储层伤害研究[D]. 成都:西南石油大学,2006.

[42] 李周. 高含硫气藏地层硫沉积规律研究[D]. 成都:西南石油大学,2016.

[43] 李丽. 高含硫气藏井筒硫沉积相态及动态预测模型研究[D]. 成都:西南石油大学,2012.

[44] 付德奎. 高含硫裂缝性气藏储层综合伤害数学模型研究[D]. 成都:西南石油大学,2010.

[45] 张文亮. 高含硫气藏硫沉积储层伤害实验及模拟研究[D]. 成都:西南石油大学,2010.

[46] 鲁丁. 高含硫气藏硫沉积微观特征研究[D]. 成都:西南石油大学,2016.

[47] Chrastil J. Solubility of solids and liquids in supercritical gases[J]. Journal of Physical Chemistry, 1982, 86(15): 3016-3021.

[48] Karan K, Heidemann R A, Behie L A. Sulfur solubility in sour gas predictions with an equation of state model[J]. Industrial & Engineering Chemistry Research, 1998, 37(5): 1679-1684.

[49] Ali M A, Islam M R. The effect of asphaltene precipitation on carbonate-rock permeability: An experimental and numerical approach[J]. SPE Production & Operations, 1998, 13(3): 178-183.

[50] 郭肖,赵显阳,杨泓波. 异常高压低渗透气藏产能评价新方法[J]. 油气藏评价与开发,2018,8(6): 13-18.

[51] 郭肖,周小涪. 考虑非达西作用的高含硫气井近井地带硫饱和度预测模型[J]. 天然气工业,2015,35(4): 40-44.

[52] Shedid,郭肖,杜志敏. 高含硫气藏硫沉积对储层物性参数影响研究[C]//2009年油气藏地质及开发工程国家重点实验室

第五次国际学术会议，成都，中国，2009.

[53] Wang Y C, Ye J G, Wu S H. An accurate correlation for calculating natural gas compressibility factors under a wide range of pressure conditions[J]. Energy Reports, 2022, 8: 130-137.

[54] 刘锦. 高含硫气井井筒温度-压力预测[D]. 成都：西南石油大学, 2017.

[55] 李治平. 气藏动态分析与预测方法[M]. 北京：石油工业出版社, 2002.

[56] 李士伦. 天然气工程[M]. 2版. 北京：石油工业出版社, 2008.

[57] Mushrif S H, Phoenix A V. Effect of Peng-Robinson binary interaction parameters on the predicted multiphase behavior of selected binary systems[J]. Industrial & Engineering Chemistry Research, 2008, 47(16): 6280-6288.

[58] Valderrama J O, Faúndez C A. Thermodynamic consistency test of high pressure gas-liquid equilibrium data including both phases[J]. Thermochimica Acta, 2010, 499(1-2): 85-90.

[59] 郭肖, 杜志敏, 杨学锋, 等. 酸性气藏气体偏差系数计算模型[J]. 天然气工业, 2008, 28(4): 89-92, 146.

[60] 程时清, 李菊花, 李相方, 等. 用物质平衡-二项式产能方程计算气井动态储量[J]. 新疆石油地质, 2005, 26(2): 181-182.

[61] Cinco-Ley H, Ramey H J, Miller F G. Pseudo-skin factors for partially-penetrating directionally-drilled wells[C]//Fall Meeting of the Society of Petroleum Engineers of AIME, Dallas, Texas, USA, 1975.

[62] Borisov J P. Oil production using horizontal and multiple deviation wells, Nedra, Moscow[M]. Translated by Strauss J. Bartlesville: Philips Petroleum CO., 1984.

[63] Giger F M, Reiss L H, Jourdan A P. The reservoir engineering aspects of horizontal drilling[C]//SPE Annual Technical Conference and Exhibition, Houston, Texas, USA, 1984.

[64] Giger F M. Horizontal wells production techniques in heterogeneous reservoirs[C]//Middle East Oil Technical Conference and Exhibition, Bahrain, 1985.

[65] Joshi S D. A review of horizontal well and drainhole technology[C]//SPE Annual Technical Conference and Exhibition, Dallas, Texas, USA, 1987.

[66] Joshi S D. Augmentation of well productivity with slant and horizontal wells (includes associated papers 24547 and 25308)[J]. Journal of Petroleum Technology, 1988, 40(6): 729-739.

[67] Joshi S D. Production forecasting methods for horizontal wells[C]//International Meeting on Petroleum Engineering, Tianjin, China, 1988.

[68] Joshi S D. Horizontal well technology[M]. Tulsa: PennWell Publishing Co., 1991.

[69] Kuchuk F J, Goode P A, Brice B W, et al. Pressure transient analysis and inflow performance for horizontal wells[C]//SPE Annual Technical Conference and Exhibition, Houston, Texas, USA, 1988.

[70] Goode P A, Kuchuk F J. Inflow performance of horizontal wells[J]. SPE Reservoir Engineering, 1991, 6(3): 319-323.

[71] Babu D K, Odeh A S. Productivity of a horizontal well[J]. SPE Reservoir Engineering, 1989, 4(4): 417-421.

[72] Renard G, Dupuy J M. Formation damage effects on horizontal-well flow efficiency (includes associated papers 23526 and 23833 and 23839)[J]. Journal of Petroleum Technology, 1991, 43(7): 786-869.

[73] 徐景达. 关于水平井的产能计算：论乔希公式的应用[J]. 石油钻采工艺, 1991, 13(6): 67-74.

[74] 窦宏恩, 刘翔鹗. 影响水平井产量的主要因素与提高产量的途径[J]. 石油钻采工艺, 1997, 19(2): 68-71, 104-109.

[75] 程林松, 郎兆新. 边水驱油藏水平井开采的油藏工程研究[J]. 石油勘探与开发, 1993, (A00): 121-126.

[76] 陈元千. 水平井产量公式的推导与对比[J]. 新疆石油地质, 2008, 29(1): 68-71.

[77] Xue Y, Teng T, Dang F N, et al. Productivity analysis of fractured wells in reservoir of hydrogen and carbon based on

dual-porosity medium model[J]. International Journal of Hydrogen Energy, 2020, 45(39): 20240-20249.

[78] Zeng F, Zhao G, Xu X. Transient pressure behaviour under non-darcy flow, formation damage and their combined effect for dual porosity reservoirs[J]. Journal of Canadian Petroleum Technology, 2009, 48(7): 54-65.

[79] 许峰, 于伟强, 李伦. 基于双重介质复合气藏模型的潜山储层试井解释方法[J]. 油气井测试, 2019, 28(3): 7-13.

[80] 杨德全, 赵忠生. 边界元理论及应用[M]. 北京: 北京理工大学出版社, 2002.

[81] 刘承杰. 复杂流体边界油藏注水井井底压力响应特征研究[J]. 钻采工艺, 2011, 34(1): 36-38, 114-115.

[82] 唐俊伟, 马新华, 焦创赟, 等. 气井产能测试新方法: 回压等时试井[J]. 天然气地球科学, 2004, 15(5): 540-544.

[83] 赵继承, 苟宏刚, 宋述果, 等. 简化修正等时试井在长庆气田的应用分析[J]. 天然气工业, 2006, 26(7): 88-90, 157-158.

[84] 何同均, 李颖川. 特低渗气藏水平井一点法产能测试理论分析[J]. 钻采工艺, 2010, 33(1): 40-42, 46, 124.

[85] 赵钉, 李治平, 赖枫鹏, 等. 致密气压裂水平生产异常井的产能测试影响因素分析[J]. 油气井测试, 2016, 25(1): 28-29, 76.

[86] 樊友宏, 范继武, 李跃刚. 低渗透气藏修正等时试井产能异常现象的理论分析[J]. 油气井测试, 2002, 11(6): 11-13, 69-70.

[87] 罗美伦, 郭肖, 李星涛, 等. 考虑硫沉积的气藏物质平衡方程研究[J]. 科技信息, 2011, (5): 477.

[88] 郭肖, 杜志敏, 陈小凡, 等. 高含硫裂缝性气藏流体渗流规律研究进展[J]. 天然气工业, 2006, 26(1): 30-33, 157-158.

[89] 李晓平, 张烈辉, 李允. 含硫气藏压力动态分析理论研究[J]. 油气井测试, 2008, 17(5): 1-3, 75.

[90] 李成勇, 张烈辉, 刘启国, 等. 高含硫气藏试井解释方法研究[J]. 钻采工艺, 2006, 29(2): 51-53, 124.

[91] 王海涛, 寇祖豪, 张烈辉, 等. 高含硫复合气藏试井解释模型研究[J]. 油气藏评价与开发, 2018, 8(6): 24-27, 44.

[92] 庄惠农. 气藏动态描述和试井[M]. 2版. 北京: 石油工业出版社, 2009.

[93] 贾永禄, 孙高飞, 聂仁仕, 等. 基于应力敏感性的视均质火山岩气藏试井模型[J]. 天然气与石油, 2015, 33(4): 8-9, 33-36.

[94] 郭晶晶, 张烈辉, 王海涛. 分形复合双重介质油藏不稳定渗流理论模型研究[J/OL]. [2022-05-20]. 中国科技论文在线. https://www.doc88.com/p-6436784714452.html.

[95] 李琰. 高含硫气藏试井分析方法研究[D]. 成都: 西南石油大学, 2010.

[96] 杨超. 裂缝-孔隙双重介质油气藏水平井不稳定渗流理论研究[D]. 北京: 中国石油大学, 2010.

[97] 杨莎. 沙罐坪石炭系低渗气藏产量递减规律研究[D]. 成都: 西南石油大学, 2012.

[98] 张宗达. 油田产量递减率方法及应用[M]. 2版. 北京: 石油工业出版社, 2015.

[99] 王学忠, 刘慧卿, 曾流芳. 增产措施见效高峰期开发指标预测[J]. 断块油气田, 2010, 17(3): 351-353.

[100] 刘晓华, 邹春梅, 姜艳东, 等. 现代产量递减分析基本原理与应用[J]. 天然气工业, 2010, 30(5): 50-54, 139-140.

[101] 钟海全, 周俊杰, 李颖川, 等. 流动物质平衡法计算低渗透气藏单井动态储量[J]. 岩性油气藏, 2012, 24(3): 108-111.

[102] 谢姗, 伍勇, 张建国, 等. 低渗碳酸盐岩气藏提高采收率技术对策[J]. 科学技术与工程, 2020, 20(6): 2231-2236.

[103] 张波, 李君, 赖海涛. 苏里格低渗气田井网井距计算方法探讨[J]. 石油化工应用, 2010, 29(6): 42-44.

[104] 耿文爽. 宋芳屯油田南部开发效果评价及井网加密调整研究[D]. 大庆: 东北石油大学, 2013.

[105] 王军磊, 贾爱林, 位云生, 等. 基于复杂缝网模拟的页岩气水平井立体开发效果评价新方法: 以四川盆地南部地区龙马溪组页岩气为例[J]. 天然气工业, 2022, 42(8): 175-189.

[106] 赖思宇, 陈青, 谢昕翰, 等. 低孔低渗低压气藏合理井距分析: 以大牛地气藏盒2+3气藏为例[J]. 科学技术与工程, 2013, 13(26): 7798-7802.

[107] 邓惠, 彭先, 刘义成, 等. 深层强非均质碳酸盐岩气藏合理开发井距确定: 以安岳气田GM地区灯四段气藏为例[J]. 天

参考文献

然气勘探与开发，2019，42(3)：95-100.

[108] 袁海军. 徐深气田升平区块火山岩气藏合理开发井距的确定[J]. 大庆师范学院学报，2011，31(6)：82-85.

[109] 焦红岩，董明哲，肖淑明，等. 低渗透油田加密调整注采井距适配新方法[J]. 油气田地面工程，2014，33(10)：15-16.

[110] 郭春秋，李方明，刘合年，等. 气藏采气速度与稳产期定量关系研究[J]. 石油学报，2009，30(6)：908-911.

[111] 史海东，王晖，郭春秋，等. 异常高压气藏采气速度与稳产期定量关系：以阿姆河右岸 B-P 气田为例[J]. 石油学报，2015，36(5)：600-605.

[112] 罗开平，黄泽光，蒋小琼，等. 川东北地区优质碳酸盐岩储层改造机制探讨[J]. 石油实验地质，2011，33(6)：559-563.

[113] 郭建春，苟波，秦楠，等. 深层碳酸盐岩储层改造理念的革新：立体酸压技术[J]. 天然气工业，2020，40(2)：61-74.

[114] 孙贺东. 油气井现代产量递减分析方法及应用[M]. 北京：石油工业出版社，2013.